KB079978

당신의 군대생활은
안녕하십니까?

슬기로운 군생활을 위한
직업군인 매뉴얼

박양배 지음

당신의 군대생활 은 안녕하십니까?

예미

40여 년의 군생활에서 가족만큼 오랜 시간을 보냈던 사람들은 나의 전우(상관, 동료, 부하)들이었습니다. 공동의 목표를 가지고 임무를 완수하고 야전 지휘관으로서 어려운 결정을 해야 할 때 진심으로 조언해 준 전우들이 있었기에 가능했습니다. 되돌아보면 이들을 통해 배우고 성장하여 지금의 예비역 군인인 내가 있었다고 생각합니다.

처음 저자의 책을 접했을 때 시중에 나온 군사 서적과 비슷하지 않을까 생각했었습니다. 하지만 첫 장을 넘기면서 부하들이 바라보는 지휘관에 대해 생각해 보는 시간을 가지게 되었습니다. 지휘관은 '선택하고 결정하는 사람'이라는 생각을 줄곧 했는데, '부하들은 그 결정에 다른 생각을 할 수 있었겠구나.'라는 것이었습니다. 지휘관은 모든 역경을 물리치고 항구에 배를 안전하게 정착시키기 위한 선장과도 같습니다. 무언가 결정해야 할 때 신중하게 선택하고 가고자 하는 방향이 같을 때 비로소 임무가 완수되는 것입니다.

두 번째 장 이후부터는 옛 추억을 소환하는 시간이었습니다. 참모와 초급간부에게 말하는 주제들은 업무수행에 꼭 필요한 내용이었습니다. 참모를 처음 접하거나 군대 업무를 잘 모르는 초급간부에게 어쩌면 길잡이가 될 수 있겠다는 생각을 해보았습니다. 상급자로서 올바른 방향을 지도한다 해도 대대장과 대위 이하 간부는 10년 이상 차이가 나 생각을 공유하는 것이 어렵습니다. 이 책은 상·하급자의 시간 차이를 이해하여 적절한 사례로 현실적인 문제에 답을 주고 있습니다. 일어날 수 있는 상황을 미리 알고 대비한다면 후배들이 어려움을 겪는 일이 줄어들 것입니다.

이순신 장군을 말할 때 만전지계(萬全之計)라는 단어를 많이 씁니다. '관행과 타협하지 않고 치밀한 계획과 철저한 준비'로 싸움에 임하셨기 때문입니다. 야전에서 묵묵히 임무수행하는 군 후배들이 이 책의 한 장을 접할 때마다 잘못된 관행이 있다면 돌아보고 소통하는 여유를 가져 보길 권합니다. 위기는 관리를 잘하면 극복할 수 있을 것입니다.

초대 지상작전사령관 예비역 대장

김운용

이 책은 지휘관, 참모, 초급간부, 군무원이 겪는 소통의 어려움과 현장 상황을 어떻게 극복할 것인가에 대한 이야기입니다.

세월이 흘러 군대 문화가 많이 좋아졌지만, 소통의 어려움은 여전히 어려운 숙제로 와 닿습니다. 지휘관은 경험과 경륜으로 자기 생각이 옳다고 믿으며 많은 결정을 합니다. 부하들은 그런 지휘관을 보면서 때론 실망하죠. 한편 부하들은 지휘관이 무엇을 원하는지도 모르고 자기 생각대로 업무를 하기도 합니다. 서로를 이해하지 못해 생기는 공백은 고스란히 부대와 자기 자신에게 피해로 돌아옵니다.

교육기관에서 싸우는 방법을 알려 주지만 부대 생활은 알려 주지 않죠. 가서 겪어 봐야 하니까요. 무엇보다 어려운 것은 진실을 알면서 누구도 말해 주지 않는다는 것이었습니다. 특히, 초급간부는 익숙하지 않은 용어와 다양한 부대 활동으로 하루를 보내는 것도 버겁죠. 현장에서 무엇을 해야 하는지 모르는데 간부라고 알려 주는 사람도 없어 힘에 부칩니다. 시대를 떠나 초급간부에게 의사소통과 부대 업무는 어려운 숙제인 거죠.

이 책은 바로 이 점에 착안하여 어떻게 하면 직면한 상황을 헤쳐 나갈 수 있는가에 초점을 맞춰 집필했습니다. 할 말이 많아도 부하에게 정작 입으로 뱉어 내지 못했던 지휘관, 상급자의 불편한 행동을 말하지 못한 부하들. 이들에게 일어날 수 있는 상황과 일부 사례를 제시하여 이해하는 데 어렵지 않도록 하였습니다.

"이게 정답이냐?"라고 묻는다면 "아니요. 대안 중 하나입니다."라고 말하겠습니다. 군의 공식 입장도 아닙니다. 개인적으로 군생활할 후배들이 겪지 않았으면 하는 마음의 글로 이해하고 읽어 주었으면 합니다.

이 책은 총 5개의 주제로 정리했습니다. 군 문화에 익숙하지 않고 대인관계에 서툰 사람에게 직면한 상황을 해결할 수 있는 길잡이 정도의 역할로 도움이 되었으면 합니다.

2023년 1월

저자 **박양배**

Chapter **1**
제멋대로 하는 지휘관

Note 1. 부하들 얘기 좀 들어 보세요

Note 2. 이것만은 하자

Chapter 2
참고 견디니까 참모

Chapter 3
모든 게 처음인 초급간부

Note 1. 지금부터 실전이다

Note 2. 당황스러운 상황, 어떻게 하지?

Chapter **4**
같지만 다른 동료, 군무원

Note 1. 군인인 듯 군인 아닌 군인 같은 너

Chapter **5**
동료들로 인해 괴로울 때

Note 1. 군대도 사람 사는 곳이다

Chapter 1

제멋대로 하는
지휘관

Note **1.**
부하들 얘기 좀 들어 보세요

꽃대를 꺾으면 꽃이 죽는다
지휘관을 보고 장기지원을 한다

부푼 꿈을 안고 군 간부로 입대한 청춘은 꽃처럼 밝은 기운으로 군문에 들어선다. 군사교육이 끝나고 자대를 배치받아 처음 대면하는 나의 지휘관과 부하들. 사계절이 지나고 낯선 그들이 익숙해질 때면 어느새 장기지원 조건에 다가선다.

용사의 복무 개월이 줄어들어 군생활을 길게 할 필요 있냐는 생각도 든다. 하지만 부하들과 생사고락을 함께한 추억은 자신감을 불어넣어 용감하게 장기지원을 꿈꾸게 한다.

군에 온 지 2년 된 강 중위. 체육을 전공하고 누구보다 성실히 일해 인기도 좋았다. 낮에는 전화로 업무를 협조하고 밤에는 문서를 정리하는 일 중독이었다. 한편 중대장은 꼼꼼하고 입이 거칠어 두 번은 만나고 싶지 않은 지휘관이었다.

며칠 뒤 대대장이 중대를 현장방문하는 일정이 잡혔다. 중대장은 대대장에게 보고할 각종 계획과 지침을 강 중위에게 주었다. 보고서를 끝낸 강 중위는 중대장 검토를 마치고 퇴근을 했다.

계획된 시간에 대대장은 중대로 왔다. 보고가 시작되었다. "중대는 이번 여름 ○○지역까지 진지를 정비합니다. 완성도를 높이고자 1개월간 하고 그곳에서 전술훈련을 하겠습니다."라고 보고했다. 대대장은 "부하들이 힘들어 죽겠다. 공사는 2주만 하고 정비 후 훈련을 해라. 계획이 너무 무리한 것 같다."라며 지침을 주고 떠났다. 그러자 중대장이 강 중위를 보며 "내가 이렇게 하지 말라 했잖아. 네가 말한 대로 해서 이게 뭐냐. 대대 과장에게 전화해서 네가 지침을 잘못 해석한 보고였다고 얘기해라."라면서 책임을 떠넘겼다. 다음 날 아침 회의는 고양이 앞의 쥐들처럼 경직된 분위기 속에서 중대장이 입을 열었다.

"강 중위 똑똑하다고 생각했는데 엉성하다. 중대장이 어제 같은 모욕감을 느낀 적이 없어. 잘못했으면 벽 보고 서 있어."

강 중위는 많은 간부 앞에서 벽을 보고 서 있었고 심한 자괴감에 빠졌다.

장기복무로 군을 사랑하겠다던 그 중위는 열심히 노력했지만 꿈은 사라졌다. 지휘관의 현재 모습에서 부하는 미래를 꿈꿀 수 없었기 때문이다.

지휘관은 부대 전반에 걸쳐 지침을 주고 방향을 정해 준다. 때론 임무를 위해 조치한 일도 문제가 생기면 책임져야 한다.

장기지원은 군생활에 대한 자신감도 중요하지만, 지휘관의 영향도 무시할 수 없다. 지휘관에 대한 불신은 미래의 군생활도 다를 바 없다고 생각해 장기지원을 주저하게 만들기도 한다.

백화난만(百花爛漫).

온갖 꽃이 피어 아름답게 흐드러져 있다는 말이다.

싹을 틔우고 물을 아무리 잘 준다 해도 꽃의 꽃대를 꺾으면 시들어 죽는다. 꽃대가 휘어지면 바로잡아 주어 잘 자라게 해주는 것이 지휘관의 역할이 아닐까 생각해 본다. 🪷

누구나 초급간부 시절이 있었다
초보자와 겨룰 때는 핸디를 준다

    골프는 초원의 푸르름을 보며 마음을 편안하게 하는 매력이 있다. 라운딩에 올라 신중하고 세심하게 공을 치면서 초보자를 가르쳐 주는 여유로움도 있다.

    내기할 때면 실력을 따져 핸디를 적용한다. 핸디란 기량의 차이가 나는 사람에게 이길 기회를 공평하게 주기 위해 수준이 높은 사람에게 지우는 불리한 조건을 말한다. 운동할 때도 적용되는 핸디를 부대 지휘에 적용해 보면 어떨까? 초급간부 수준을 고려해 지휘관 스스로 핸디를 주는 것이다.

    보고서 한 장을 만드는 데 대위는 하루를 주고, 초급간부라면 이틀을 준다. 보고 시기에 여유를 가져 주는 것이다. 핸디를 아무리 많이 적용해도 경험 많은 지휘관의 수준에 도달하기는 어렵다. 초급간부에게는 단어 사용, 문장을 쓰는 기법이 모두 어려워 기다려 주는 여유가 필요하다.

소대장을 마친 중위가 참모로 보직되어 첫 보고서를 작성하게 되었다. 대대장은 불안해하는 중위에게 "개요, 일반계획, 행정사항 순으로 작성하되 네가 생각하는 문장을 작성해서 가져와라."라고 알려 주었다. 중위는 며칠간 고민한 보고서를 들고 대대장을 찾아갔다. 대대장은 차 한잔을 주며 보고서 작성 방법을 차분히 설명해 주었다. 이후 2개월간 반복해서 가르쳤고, 일정 수준이 되었을 때 "이젠 하산해라."라며 어깨를 두드려 주었다. 대대장의 2개월 핸디는 중위의 군생활과 부대 발전에 밑거름이 되는 소중한 시간이었다.

초급간부는 시간을 많이 필요로 한다. 하나를 알려 줘도 다음에 또 알려 줘야 한다. 그렇게 반복하다 보면 자리를 잡아 간다. 지휘관은 기다림에 익숙해야 한다. 실력이 부족하면 키워 주고, 이해가 느리면 반복해서 알려 주는 것이다. 잘 해내면 격려도 해줘야 한다. 적응되면 부하도 자기 할 도리를 한다.

갈민대우(渴民待雨).
목마른 백성이 비를 기다린다는 뜻으로 '아주 간절히 기다림'을 말하는 고사성어다.

나의 초급간부 시절을 떠올려 보라. 과연 나는 모든 것을 잘하는 간부였는지. 🍵

쉽게 전달하라
초급간부와 눈높이를 맞춰라

1년에 부대로 전입해 오는 간부의 수는 무수히 많다. 보직을 받는 등 다양한 목적으로 부대가 들썩거린다. 많은 움직임 속에서 무엇보다 지휘관이 관심을 두는 전입자는 바로 초급간부이다. 군사교육을 갓 마치고 부대로 배치되는 만큼 신경 써야 할 부분이 많다. 먹고 자는 것부터 어떻게 부대에 적응시킬 것인지까지 끝도 없다.

초급간부를 교육할 때는 모든 것이 생소함을 인식해야 한다. 무슨 말을 해도 어려워하기 때문에 쉽게 말해 주는 것이 좋다. 특히, 부대에서 사용하는 단어는 부대 간부들만 안다. 초급간부는 현장에서 눈높이 교육을 하는 것이 효과적이다.

행정보급관이 전입 온 분대장에게 창고에 가서 가빠 천 1개를 가져오라고 지시했다. 분대장은 무엇인지도 모른 채 "알겠습니다."라는 답변을 하고 창고로 갔다. 창고 문을 열어 보니 검은색 천이 하나 있어 들고 갔다. 행정보급관은 "이거는 인삼 천이고 가빠 가져 오라니까?"라며 화를 냈다. 알고 보니 가빠 천은 트럭의 물건을 덮을 때 씌우는 청색 비닐을 말하는 것이었다.

초급간부는 '말을 잘못하면 혼나지 않을까?' 하는 두려움을 갖고 있다. 지휘관은 상급자이기 전에 군 선배이다. 두려워하지 않도록 서로 간의 간격을 줄이고자 노력하는 대화의 기술도 필요하다.

대대장은 신임 소대장들과 매월 식사를 하곤 했다. 부대 밖으로 벗어나 커피도 마시며 어려움을 듣고 답을 주었다. 때론 형편이 어려운 소대장이 휴가라도 나가면 조용히 불러 차비를 건네주었다. '잠깐 하시다 말겠지?'라고 참모들은 생각했지만, 재임 동안 이어 갔다. 임무가 종료되는 이임식 당일, 중위 계급을 단 소대장 몇 명은 눈물을 흘렸다. "대대장님의 은혜 잊지 않고 이어 가겠습니다."라는 한마디 말과 함께.

역지사지(易地思之).
처지를 바꾸어 생각해 보라는 말이다.

지휘관도 신임간부였던 시절이 있었다. 처음부터 모두 잘했던 건 아니었을 것이다. 🦕

퇴근 후는 지휘권 밖이다
사생활을 침해하지 말 것

　부대에 간부가 많으면 별일이 다 일어난다. 교통사고, 음주운전 등 각종 사고는 지휘관의 가슴을 내려앉게 한다.

　사고 발생 후 지휘관은 정신교육 등 다양한 후속조치를 한다. 안전운전교육, 음주절제 등 강도 높은 조치로 부대를 통제한다.

　통제하다 보면 목적이 선을 넘는 경우가 있다. 가장 쉬운 예로, 퇴근 이후에 대한 통제이다. 퇴근 후의 삶은 사생활이다. 지휘 권한으로 착각하여 통제하면 사생활 침해로 처벌을 받게 될 수도 있다.

　신혼인 부소대장은 퇴근 후 아내와 함께 식사와 음주를 하고 쇼핑을 했다. 거리를 걷다 마주친 중대장이 좋은 시간 보내라며 인사를 하고 헤어졌다. 출근 후 중대 회의 시 중대장이 부소대장에게 "어제 술 많이 마셨던데 일찍 다니지. 부대에 영향을 줄 수 있잖아."라는 말을 하고 자리를 떠났다. 이후에도 회의 때마다 부소대장의 일과 후 식사 및 음주 자리에 대해 자주 언급하였다. 참다못한 부소대장은 중대장을 사생활 침해로 신고했다.

부여되지 않은 권한을 착각하여 함부로 말을 내뱉으면 주위 담기 힘들다. 지휘관은 주어진 권한 범위에서 지휘권을 행사해야 한다. 사고를 예방한다는 명목하에 사생활을 침해하는 것은 우둔한 것이다.

만약 누군가에게 들었던 내용이라도 사생활은 보장되어야 한다. 혹시 모를 사고를 예방하기 위한 말 한마디도 사생활 침해가 될 수 있다.

타초경사(打草驚蛇).
풀을 쳐서 뱀을 놀라게 한다는 뜻으로 '불필요하게 문제를 일으키면 본인에게 화가 돌아온다'는 고사성어다.

퇴근 후는 지휘관의 영역이 아니다. 누구나 일을 마치고 나면 소소한 행복을 즐길 권리가 있다. 🐘

음주 후 부대 복귀는 뇌!
부하들에게 민폐가 될 수도 있다

　지휘관도 퇴근하면 지인들과 식사 자리를 갖고 음주를 하기도 한다. 오늘 하루 있었던 일이나 공통 관심사를 서로 주고받는다. 그렇게 자리를 마치고 집에 가려니, 아침에 일어나 숙취에 운전하는 것이 걱정된다. 결국 택시를 타고 부대로 들어간다.

　지휘관이 퇴근 후 부대에 오면 많은 사람이 불편해진다. 당직 근무자는 부대 이상 유무 보고를 할지 말지 고민스럽다. 부대원들은 지휘관의 술 냄새에 자기도 한잔하고 싶다는 마음이 들기도 한다. 지휘관은 출근이 걱정되어 부대에서 자려고 한 것뿐이지만, 부하들은 그렇지 않은 것이다. 음주 후 조용히 잠이라도 자면 그나마 괜찮은데 부대 곳곳을 다니며 한마디씩 참견도 한다.

　중대장은 음주만 하면 부대에서 자는 사람이었다. 음주하고 오는 날이면 야간 부대활동을 직접 지시해 불편함이 컸다. 어느 날 화기

소대가 야간 주특기훈련을 하고 있었다. 중대장은 훈련장에 찾아와 "박격포를 그렇게 운용하면 되겠냐?"라며 몇 가지 훈수를 두고 갔다. 며칠 뒤에는 "당직 근무자가 점호 이상 유무 보고를 왜 하지 않냐?"라며 질책도 했다. 부하들은 "술 먹고 들어오려면 퇴근하지 말지."라고 수군거렸다. 중대장의 행동은 '술병 들고 현장 지도한다.'라고 와전되어 상급부대까지 흘러 들어갔다. 얼마 후 감찰 조사가 나왔다. 중대장은 관련 사실에 대해 해명하는 망신을 당해야 했다.

지휘관이 아무것도 하지 않고 부대에서 잠만 자는 것도 부하들은 불편하다. 특히, 음주 상태의 지휘관은 자신의 품위를 손상하고 의도치 않은 오해를 받을 수도 있다. 모든 행동이 주사로 보이는 것이다.

후안무치(厚顔無恥).
낯이 두꺼워 부끄러운 줄 모른다는 고사성어다.

음주 후라도 지휘관이 부대에 있으면 좋을 것이라는 생각은 착각이다. 남아 있을 명분도 없이 부대로 오는 것은 음주 추태로 보일 수 있다. 🐢

27

일방적인 소통은 쇼다

소통한다면서 혼자 말하지 말자

지휘관은 부하들과 소통하기 위해 다양한 활동을 한다. 면담, 간담회, 워크숍 등 부하들과 만남은 언제나 새롭다. 부하들과 소통시간은 부대 지휘를 되돌아보게 하는 시간이 된다.

의롭게 시작한 소통시간이 무르익으면 저녁도 함께하며 반주를 곁들이기도 한다. 어느덧 많은 부하와 만남을 통해 나를 보여 주고 소통을 한다. 그렇게 행복한 일만 남았다 생각했는데……. 부하들은 나를 여전히 어려워하고 있다면, 자신을 되돌아봐야 한다.

중대장이 3개월 동안 전 간부를 대상으로 주말도 마다하지 않고 식사를 하며 간담회를 했다. 하지만 부임 6개월이 지나도 부하들은 마음을 열지 않았다. 오히려 상급부대에 고충을 토로하여 조사를 받게 되었다. 조사관은 "사생활 침해가 신고되었다."라며 문제점을 열거했다.

소통은 뜻이 서로 통하여 오해가 없는 것을 말한다. 생각이 '맞고 틀리냐'보다 현상을 '교감하느냐'가 핵심이다.

일방적인 대화를 소통이라 착각하거나 책임을 다한 것이라 뿌듯해하지 말자. 문제 발생 시 책임을 회피하기 위한 쇼라 생각할 것이다.

부하들과 대화를 부드럽게 끌어 가기 위해서는 어떻게 해야 할까?

시간을 많이 투자해야 한다. 부하의 관심사를 이해하고 바쁜 와중에도 면담을 요청하면 시간을 할애해야 한다. 시기를 놓치면 대화의 기회가 상실되기 때문이다.

시간을 할애할 때는 말하는 것보다 듣는 것에 집중하는 것이 좋다. 내가 말이 많으면 부하는 정신교육을 받는 느낌이 들 것이다.

중대장은 자정이 넘어 퇴근했다. 간단히 씻고 자려는데 전화가 한 통 왔다. 초급간부가 "부채가 많아 힘들다."라고 토로했다. 중대장은 우선 진정시키고 어디 있는지 알려 달라 했다. 초급간부와 만난 중대장은 전후 사정을 다 듣고 일단 부대로 복귀시켰다. 다음 날 지인들을 통해 구제 방법을 확인하여 일을 해결해 주었다.

간담상조(肝膽相照).

간과 쓸개를 서로에게 내보인다는 뜻으로 '속마음을 터놓고 친하게 지낸다'는 의미의 고사성어다.

비싼 밥을 먹이고 대화 몇 번 했다고 친해질 수는 없다. 지속해서 교감하고 어려움을 이해해야 한다. 그러면 부하는 말하지 않아도 찾아온다. 🌐

지휘관의 말의 무게
지휘관이 하는 말은 파장이 크다

언제나 내 생각을 상대에게 전할 수 있는 것이 입이다. 입은 생각을 전달하는 통로 역할을 한다. 하지만 어떤 사람은 말을 하면서 동시에 생각하는 사람이 있다. 말하면서 생각한다는 것은 '내 말이 혹시 틀렸나?'를 곱씹는 경우다. 성격이 급하거나 자기주장이 강하면 생각하는 속도보다 말이 먼저 나간다. 생각 없이 뱉은 말은 주워 담기에는 늦다. 때론 그 말에 상대방이 이미 상처를 받기 때문이다.

참모가 의견을 제시할 때 지휘관이 이와 같다면 고치는 것이 좋다. 시간이 흐르면 부하들이 지휘관의 말에 대해 신뢰성을 의심하게 될 것이기 때문이다.

중대장과 토의하고 나면 간부들이 힘들어했다. 대화가 안 된다는 것이었다. 한번은 중대장이 "전투력 측정에 우수하게 평가받으면 해당 소대장은 장기지원 선발에 우선 추천하겠다."라고 약속했다.

1소대장은 그 말에 밤을 새워 공부하여 중대가 1등을 하는 데 기여했다. 물론 장기지원서도 제출했다. 장기 발표가 있던 날, 1소대장은 울분을 감추지 못했다. 2소대장이 장기가 된 것이다. 그는 중대장과 퇴근 후 술을 같이 마시기도 하는 막역지우 같은 관계였다. 장기 발표 소문은 금방 부대 안에 퍼졌다. 중대장은 대대장에게 불려 가 '생각하고 말하라'는 소리를 듣고 나와야 했다.

지휘관은 말하기 전 생각부터 해야 한다. 내 말에 대한 파장이 어디까지 미칠지 모른다. '발 없는 말이 천 리 간다'라는 속담처럼 지휘관의 말은 부대 곳곳에 스며든다.

자신이 틀렸다고 생각되면 먼저 사과하는 것이 좋다. 이런 지휘관을 부하들은 무능하다고 생각하지 않는다. 솔직함에 감정을 추스를 수 있다.

어불성설(語不成說).
말이 이치에 맞지 않는다는 뜻이다.

부하와 대화 시 말하면서 생각하지 말고, 생각한 후 말하라.
지휘관의 말이 자주 번복되거나 지키지 못할 말이라면 누가 따르겠는가? 독려하기 위한 발언도 지휘관 입에서 나오면 지켜야 할 약속이 된다. 🎎

결정하는 말에 신중하라
검토한 후에 대답하기

사람을 접하다 보면 그 자리에서 쉽게 어떤 결정을 할 수 없는 경우가 종종 생긴다. 친분이 있다면 어려운 부탁을 외면하기가 무척 힘들다. 그래도 분명한 것은 함부로 희망을 심어 주는 말을 하지 않는 것이 더 낫다는 것이다.

결정하기 어렵다면 "검토하겠다." 혹은 "무슨 말인지 알았다."라고 여지를 남기는 것이 좋다. 결정을 짓는 말 한마디가 상대와의 관계를 끊어 놓는 결과를 초래할 수도 있다는 점을 명심하자.

검토할 때는 담당 참모를 통하는 것이 좋다. 참모가 규정 등을 살펴 지휘관 결심에 도움을 줄 수 있기 때문이다.

지휘관이 외부 인원의 부탁으로 주요 보직을 약속했다. 담당 참모에게 "부대 인원 중 일부를 조정하라." 지시했다. 참모는 "이미 심의로 결정되어 번복할 수 없습니다."라고 대대장에게 참모 조언을 하였다. 대대장은 결정된 사항을 되돌리기 어려움을 알고 전화를 걸어 "미안합니다. 이번에는 어렵겠습니다."라는 말을 남겨야 했다.

집에서 자녀가 무엇을 사달라 하면 한 번에 구매해 주는 부모는 별로 없다. 구매 이유와 목적, 필요성 등을 꼼꼼히 따져 보며 시간을 갖는다. 자녀와 어느 정도 이야기가 통하면 다른 제품으로 타협을 하기도 한다. 서로 절충점을 찾는 것이다.

지휘관은 사람을 쓰거나 부대 운영을 결정할 때 심사숙고해야 한다. 지나친 자신감으로 말을 뱉는 순간 책임져야 하기 때문이다.

삼사일언(三思一言).
세 번 생각하고 한 번 말하라는 뜻이다.

한번 내뱉은 말로 자신과 타인을 불행하게 할 수도 있고, 책임이 무거워 도망가는 순간을 만들 수도 있다. 지휘관은 결정에 신중해야 한다.

가시 돋친 말을 삼가라
입장 바꿔 생각하라

가을이면 꽃을 주인공으로 하는 축제장에 사람들이 넘쳐 나고 곳곳에서 웃음꽃을 피운다. 먹거리나 체험, 다양한 구경거리가 사람들의 일상에 활력소가 된다.

꽃들마다 내뿜는 향기가 바람을 타고 코끝을 스치면 마음도 차분해진다. 향기가 좋은 꽃일수록 사람들의 발길이 끊이지 않는다.

꽃들과 달리 인간은 성격과 성향을 보고 평가를 받는다. 선한 영향을 미치면 사람들이 그 향기를 쫓아 함께하지만 악영향을 주면 거리를 둔다.

언제나 자신이 옳다고 생각하는 고집 센 지휘관이 있었다. 보고하면 짜증부터 내는 가시 돋친 그는 기억력도 짧아 보고한 말도 잊기 일쑤였다. 그의 태도는 갈수록 심해져서 "너의 보고서는 매번 거짓말 같아. 다시 써라."라는 맥락 없는 말로 부하들을 괴롭혔다. 목구멍이 포도청이라 부하들은 참고 견뎌야 했다. 하지만 전역 전 간부가 신고하여 그 지휘관은 인격모욕으로 조사를 받아야 했다.

인기 관리를 위해 부하들 눈치를 보라는 말이 아니다. 내가 듣기 싫으면 부하도 듣기 싫을 것이다. "당신은 왜 인상만 쓰냐? 네 말은 다 거짓말 아냐?"라는 말을 가족들에게 할 수 있겠는가? 부하를 가족처럼 생각한다면 말 한마디라도 조심해야 한다.

추기급인(推己及人).
자기를 미루어 남에게 미친다는 뜻으로 '자기 처지에 비추어 다른 사람의 형편을 헤아림'을 말하는 고사성어다.

지휘관은 부하들에게 어떤 향기로 남을지 생각해 봐야 한다.
1년에 한 번 하는 축제장의 꽃보다 곁에 항상 있는 들꽃이면 좋지 않을까? 이왕이면 가시 없는 꽃이라면 '금상첨화'일 것이다.
누군가에게 어떤 향기로 남을지는 자신에게 달려 있다. 🌸

부하와 간격을 좁혀라
세대차이로 쉽게 결론짓지 말자

한겨울 쪄 먹거나 구워 먹는 고구마는 주전부리 중 손꼽히는 별미다. 그런데 배고픔에 급하게 먹다 보면 목이 막히기 일쑤다. 그럴 때 김치 한 조각을 먹으면 목 막힘은 금세 사라진다. 아삭하고 부드러운 김치가 퍽퍽함을 보완해 주는 것이다.

부하들도 답답한 지휘관을 보고 있으면 먹지 않아도 목이 막힌다. 목구멍까지 차 오르면 쏟아 낼 수밖에 없다.

지휘관은 부하와의 간격을 줄이는 방법을 찾아야 한다. '…세대'라는 용어로 부하를 단정 짓기보다 이해하고 접근해야 한다. 지휘관도 어린 시절 '…세대'라는 용어로 불린 적 있지 않은가?

선배 한 명이 부하들과 소통에 어려움이 있다며 고민을 털어놓았다. 논의 끝에 얻은 좋은 방법도 민원이 끊이지 않는다는 것이다. 세대 격차를 먼저 이해하라고 조언했다. 일명 '공감토크'라는 이름으로 부서 막내들과 소통시간을 갖도록 조언해 주었다. 프린트 고장 등 '뭐 이런 것까지 해야 하나?' 싶은 것도 조치하기 시작했다. 몇 개월 후 토크가 정착되면서 민원은 줄어들었다. 도시락을 먹으며 업그레이드된 토크는 부하들과의 관계를 '식구'라는 개념으로 발전시켰다.

주요 직위자 회의 끝에 얻은 결론을 부하가 만족할 것이라 착각하지 말자. 김치 한 조각처럼 저변의 분위기를 잘 아는 부하를 한번 동참시켜 보라. 그들이 겪는 사소한 일상이 오히려 중요한 실마리일 수 있다. 한편으론 주요 안건의 문제점을 꼬집어 보완대책을 제시하는 효과를 볼 수도 있다.

난상공론(爛商公論).
여러 사람이 충분히 의논함을 뜻하는 말이다.

어떤 안건은 의견을 더해 좋은 결론에 도달하게 된다. 듣고 말고는 결정권자의 몫이다. 궁합에 맞는 것을 찾아 숨 쉴 수 있도록 하는 것이 지휘관의 역할이 아닐까 생각해 본다. 🐢

부하는 자판기가 아니다
너무 많은 것을 요구하지 마라

'내돈내산'. 내 돈으로 내가 원하는 것을 산다는 의미로 많이 쓰였던 말이다. 호주머니의 동전 몇 개로 뽑은 자판기 커피 한잔은 언제나 기분을 좋게 해준다. 내돈내산 커피 한잔의 행복. 그런데 가끔 맹물이 나오거나 돈을 먹기도 한다. 이럴 때면 주먹으로 화풀이도 한다.

혹시 부하도 자판기처럼 생각하지는 않는가?

지휘관은 부여받은 권한으로 전시에 대비하기 위한 활동을 한다. 부하와 동고동락하며 훈련, 행정업무 등 바쁜 하루를 보낸다. 때론 자신의 의도를 부하에게 알려 어려운 일을 해결하게 한다. 부하는 역량이 부족해도 해결하는 데 최선을 다한다.

중대장은 의욕이 넘치는 강한 사람이었다. 업무보고, 훈련, 시범식 교육을 한 번에 끝내려 했다. 대대장이 몇 가지 지침을 주고 나갔다. "중대장, 다음 달에 다 할 수 있도록 준비해라. 너는 여단 출신이니 문제없잖아." 중대장은 참모도 아닌데 상급부대에서 근무했다고 일이 많았다. 며칠 밤을 지새우며 링거도 맞았다. 하지만 몸은 얼마 못 가 고장이 나서 병원으로 후송되었다. 결국, 대대장은 본인이 지시한 것을 스스로 해결해야 했다.

기계는 고장 나면 고쳐 쓰는데 사람은 그럴 수 없다. 몸과 마음이 상호작용해, 한쪽만 망가져도 다른 쪽이 불편해진다. 지휘관이 할 수 있다면 먼저 해결하는 것이 좋다. 부하를 가르친다는 명목으로 과다한 업무를 지시한다면 가혹행위와 다를 바 없다.

욕속부달(欲速不達).
일을 서두르면 이루지 못한다는 말이다.

급하게 일을 해결하려 하면 도리어 그르칠 수 있다.
부하에게 임무를 줄 때 시간, 경험도, 능력 등을 고려해야 한다. 영관장교 혹은 경험 많은 부사관이라도 어려움은 똑같다. 할 수 있는 범위를 넘어섰다면 업무를 줄이고 휴식을 주어 충전할 수 있도록 하는 것이 좋다. 🉑

같은 동문만 선택하지 마라
모두 나의 부하다

학창시절 친구는 가족 못지않게 희로애락을 함께한다. 때론 주먹다짐도 하지만 떡볶이 한 그릇에 말 없는 화해를 한다. 우정은 오랜 추억으로 남아 가슴 한쪽 먹먹함을 남기기도 한다.

진흙을 뒤집어쓰며 군사훈련을 함께한 선후배는 학창시절 친구 못지않다. 시공간은 달라도 문무를 함께한 추억은 선후를 따지지 않는다. 어려움에 부닥치면 의무감에 활로를 모색해 주기도 한다.

총괄업무를 해야 하는 과장 자리가 비었다. 대대장은 김 소령이 유사 업무 경험이 있어 후임으로 내정하였다. "김 소령, 내년 한 해 잘해 보자."라며 어깨를 두드렸다. 저녁 무렵 대대장에게 학교 선배의 전화 한 통이 걸려 왔다. "후배가 부대에서 보직을 못 풀었다. 너희 부대에 자리가 있다는데 그 자리 좀 부탁한다."라는 전화였다. 대대장은 이를 승낙하고 김 소령 보직을 재조정하였다. 전화

한 통에 검증되지 않은 사람이 주요 보직에 낙점된 것이다.

혈연, 지연, 학연은 인적 인프라 구성에 중요한 요소라 한다. 하나만 나와 연관되어도 도와줄 이유가 된다. 왠지 모르게 정이 가기 때문이다.

근무하다 보면 이 같은 일이 종종 있다. 한번 본 적 없는 동문도 선후배가 부탁하면 들어준다. 이왕이면 선후배가 낫지 않겠냐는 이유에서다.

하지만 맹목적인 관계가 결코 좋은 것만은 아니다. 능력 결핍, 인간성 저하로 논란이 되면 선택한 나도 지탄받게 된다.

적재적소(適材適所).
마땅한 인재를 기용해 쓴다는 말이다.

지휘 영역은 부대와 부하, 임무완수로 귀결된다. 어디 출신인지가 중요한 것이 아니라 임무완수에 적임자인지 우선 살펴보라. 🐢

마음의 건강을 살펴라
마음을 잡아 주는 것도 지휘관의 역할

감기에 걸리면 약을 먹거나 병원에 가서 진료를 받고 빨리 치료하려 한다. 사람들은 겉으로 나타난 병은 어떻게든 조치를 하는 반면, 정신적인 문제는 숨기려 한다. 정신적인 치료는 나의 심각한 약점이 될 수 있다 여기기 때문이다.

부대에 정신적인 고통을 받는 인원은 없는지 살펴보자. 억압된 환경과 폐쇄적인 특성으로 인해 분명 심리적으로 고통받고 있는 사람이 있을 것이다.

병원 기록을 부담스러워한다면 부대 상담관을 통해 부하의 심리를 살펴보는 것도 방법이 될 것이다.

휴가를 나간 간부들이 음주운전과 대민사고를 종종 일으켰다. 안전사고 예방 교육과 처벌규정 교육을 해도 효과는 없었고 징계로 해결되지도 않았다. 장기간 전방 근무로 피로는 누적되고 휴가의 편안함에 폭발되는 사고다. 뚜렷한 돌파구가 보이지 않았다.

대대장은 우연히 부대 상담관과 대화하면서 심리테스트라는 것을 해보기로 했다. 사고 발생 간부와 자발적으로 동참한 간부를 대상으로 우선 시작해 보았다. 며칠 뒤 상담관이 대대장을 찾아와 테스트 결과를 얘기해 주었다.

"피로감만이 불안정 요소가 아닙니다. 장기간 전방 근무로 가족과 시간을 가질 수 없는 고통이 중요한 요소였습니다. 그 고통을 가족들도 겪고 있어 이 점을 살펴보는 것이 좋을 것입니다."

대대장은 현재 상황을 상급지휘관에게 보고하였다. 상급부대는 가족과 함께하는 다양한 프로그램을 통해 사고를 줄이는 데 집중하였다.

문제가 보이는 사람만 상담하고 치료하는 것은 단기적인 수단일 뿐이다. 때에 따라 나부터 구성원들까지 내재된 문제가 없는지 전반적으로 진단해 보는 것도 좋다.

구성원의 심리적 치료를 한다면 몇 가지 알아야 할 것이 있다.

첫째, 비밀을 보장해야 한다. 개인의 사적인 영역까지 통제하기 위해 알려고 해서는 안 된다. 본인이 말해 줄 때까지 기다려야 한다. 누구나 비밀은 한 가지씩 있기 마련이다. 숨기는 것이 인간의 본성인데 그것을 들여다보기까지는 시간이 필요한 법이다.

둘째, 전반적인 진단은 심리테스트를 통해 알아보자. 문서를 통한 진단 테스트는 부담이 덜하기 때문이며, 아픈 부분을 간접적으로 파악할 수 있다. 종합적인 테스트 결과는 문제점 파악에 도움 될 것이다.

심청사달(心淸事達).
마음이 맑으면 모든 것이 잘 이루어진다는 말이다.

혼란스러운 마음으로 임무를 완수하기에는 많은 어려움이 따른다. 부대와 가정에 충실할 수 있도록 안정된 마음을 잡아 주는 것이 지휘관의 역할 중 하나일 것이다. 🐢

Note 2.
이것만은 하자

1   취임사는 짧고 명확하게 (핵심가치를 담아라)

2   보고서 검토할 때 이것만은! (지침을 주려면 알아볼 수 있는 글씨로)

3   회식에서는 자나 깨나 말 조심 (자신 없으면 음주를 피하라)

4   문제를 적극적으로 해결하라 (시끄러워질까 봐 숨기면 더 불거진다)

5   고충처리는 신고자 보호부터 (동굴 속에 숨겨라)

6   실수를 가혹하게 처리하지 마라 (의욕을 꺾으면 앞으로 잘할 수 없다)

7   부대를 바꾸려면 시간을 갖자 (자연스러운 물길을 만들어라)

8   현장을 자주 둘러보라 (책상에 앉아서는 답을 찾을 수 없다)

9   선두라고 자만해선 안 된다 (선두주자는 언제든 뒤집힐 수 있다)

10 수많은 목소리에 휘둘리지 말자 (진중하게 살피고 결정하라)

11 부대 사고 시 수습에만 전념하라 (인터넷 댓글에 동요하지 말 것)

12 동기를 계급으로 구분하지 마라 (친구는 계급장보다 오래간다)

13 갈림길에서 올바른 선택을 하라 (리더의 임무는 선택과 결심)

14 추천은 신중하게 하라 (잘할 수 있는 자리여야 한다)

15 유관기관과 소통을 피하지 마라 (공공 목적을 함께한다)

16 외부인사 맞이는 세심한 배려로 (동선까지 고려하라)

17 재물조사는 반드시 하라 (군수품 관리는 꼼꼼하게)

18 눈높이에 맞는 보안교육을 (작은 관심이 군사보안을 지킨다)

19 해빙기 사고를 예방하라 (진단과 교육은 필수다)

20 혹한기훈련, 철저하게 대비하라 (추위와 싸움이다)

취임사는 짧고 명확하게
핵심가치를 담아라

지휘관은 취임을 준비하면서 취임사를 작성한다. 소대장은 지휘 방향을 중점으로 작성한다. 중대장 이상 지휘관은 상급자의 의도를 포함하여 작성하는 것이 일반적이다.

하지만 취임사의 특징은 행사가 끝나면 모두 잊는다는 것이다. 분명하게 각인될 수 있는 핵심가치가 없기 때문이다.

어떤 사람은 취임사에 고사성어를 넣어 말하기도 한다. 그러나 듣고 있는 구성원들이 얼마나 공감할 것인가를 생각해 보라. 오히려 드라마 대사를 인용하는 것이 쉬울 수 있다.

인접 중대장으로 온 후배의 취임사로 인해 대대장 안색이 일그러졌다. 취임사를 무려 A4 용지 3장으로 작성하여 읽어 내려간 것이다. "중대장은 온고지신의 말처럼 경험을 통해 얻은 것을 우리 중대에……. (이하 생략)"

"소대장 때 느낀 점을 발전시켜 중대장 기간 몇 가지 접목하고 자……. (이하 생략)"

불필요한 과거를 얘기하는 말에 인접 중대장들도 수군거렸고 대대 장은 하늘만 바라보고 있었다. 결국, 길어지는 취임사에 일부 인원 들이 쓰러지면서 행사는 끝을 맺었다.

취임사는 되도록 짧으면서 핵심가치를 담아 내야 한다. 너무 많은 것을 나열하지 말고 함축적인 단어를 사용하는 것이 좋다. 취지와 방향을 명확히 알려 공동의 목표로 인식시키라는 것이다.

언중유골(言中有骨).
'말 속에 뼈가 있다'는 말의 의미를 되새기자.

책이 두꺼우면 잘 읽히지 않는다. 같은 내용도 만화책이 인기가 있듯, 뻔한 내용의 취임사는 듣고 싶지 않다.

취임사는 부하에게 분명한 메시지를 남겨야 기억에 남는다. 나아 갈 방향을 명확히 제시하고 군더더기 말을 줄이는 것이 좋다. 🦋

보고서 검토할 때 이것만은!
지침을 주려면 알아볼 수 있는 글씨로

　세종대왕께서 백성을 위해 한글을 창제하셨다. 수백 년이 지난 한글은 세계적으로 알아주는 문자가 되어 있다. 음악, 문서 등 쓰이지 않는 곳이 없으며 붓글씨로 표현되면 아름답기까지 하다.

　손이나 컴퓨터로 40개의 문자를 조합하여 보고서를 만들면 나만의 작품이 된다. 그런데 때론 상급자로부터 수준 낮은 보고 내용 때문에 질책을 받기도 한다. 이때 가장 불편한 건, 알아보기 힘든 상급자의 악필이다.

　교육담당관이 야근하며 만든 보고서를 들고 대대장실로 들어갔다. 보고서를 읽는 대대장의 손에 청색 사인펜이 쥐어져 있다. 그 펜을 들고 대대장은 수정사항을 적어 갔다.

"이건 이렇게 바꾸고, 이것보다 이거라 하고."

지침을 받고 돌아온 담당관은 정신적 혼란이 왔다. 수정해 준 보고서엔 지렁이와 엑스 자만 보였다. 대대장은 악필에다가, 글을 말하듯이 쓰는 사람이었다. 담당관은 사무실로 돌아와 과장과 함께 글자를 해석하는 데 머리를 맞대야 했다.

지휘관은 많은 부하로부터 다양한 보고서를 받아 검토해 줘야 한다. 그러다 보면 빨리 처리해야 하는 습관으로 글보다 말이 앞서게 된다. 수정해 주면서 부하가 "네."라 답변하면 알아듣는 줄 안다. 그러나 부하는 습관적으로 대답했을 뿐이다.

보고서를 수정해 줄 때는 알아볼 수 있는 글자를 써 주자. 낙서처럼 써 내려간 글자는 해석하는 데 오랜 시간을 허비하게 만든다. 낭비된 시간은 또다시 야근을 강요할 수 있다.

악필(惡筆).
잘 쓰지 못한 글자로, 꼬부랑 글씨라고 비하할 때 쓰이기도 한다.

세종대왕께서 물려주신 우리 고유의 한글. 보고서를 수정할 때도 바르게 쓰고 읽기 편안하게 해주자. 🏛

회식에서는 자나 깨나 말 조심
자신 없으면 음주를 피하라

부대가 주요 성과를 이루거나 훈련이 끝나면 회식을 한다. 수고로움을 격려하기 위해 상급자가 자리를 마련하는 것이다.

회식에 참석하면 자리가 배치되고 비음주자를 파악한다. 안전하게 복귀하기 위함이다. 이것이 끝나면 음주를 동반한 회식이 시작되고, 격려의 말들이 오간다.

시간이 흐르면 조는 사람, 말 많은 사람 등 다양한 유형의 술버릇이 나온다. 상대에게 피해가 없다면 다행인데 몇몇은 그 자리를 불편하게 만들기도 한다.

성과분석을 마치고 참모와 중대장들의 회식 자리가 있었다. 거나하게 취한 1중대장은 교육장교에게 한마디했다. "너는 우리 중대를 싫어하는 것 같아. 2중대 출신이라고 거기만 챙기고. 대대장님, 그건 아니지 않습니까?"라며 불편한 심기를 표현했다. 회식 자리에 순간 정적이 흘렀다. 인사장교는 "오늘 적당히 드신 것 같다."라 며 대대장에게 마칠 것을 건의하고 종료했다. 다음 날 대대장은 중 대장을 불러 회식 예절에 대해 따끔하게 충고했다.

회식 자리에서도 목적에 부합한 행동을 해야 한다.
주관자가 있다면 그의 입장을 배려해야 한다. 회식 자리에서 상대 방을 불편하게 하는 것은 주관자 얼굴에 침 뱉는 것과 같다. 통제 불 능을 인정한 셈이다.
또한, 회식 자리에서 보고 들은 것을 떠들고 다녀서는 안 된다. 불필요한 유언비어가 생기거나 프라이버시를 침해할 수 있기 때문 이다.

증이파의(甑已破矣).
시루는 이미 깨졌다는 뜻으로 '벌어진 일을 후회해도 소용없다'는 의미의 고사성어다.

나의 잘못된 언행으로 모든 사람을 불편하게 만들 수 있다. 음주 에 취약하다면 마시지 않거나 주량을 얘기하여 권하지 않도록 하는 것이 좋다. 🏺

문제를 적극적으로 해결하라
시끄러워질까 봐 숨기면 더 불거진다

　시스템적으로 잘 돌아가면 조직은 문제가 없다. 하지만 많은 사람이 섞여 지내고 있기 때문에 조직의 문제가 외부로 표출되는 경우가 있다. 부대 사정이 외부로 나가게 되면 지휘관은 얼굴을 들고 다니기 어려워진다. 어느 부대를 가도 사정은 마찬가지라 지휘관들은 소통에 대해 고민을 많이 한다.

　조직의 문제가 외부로 표출되지 않도록 하기 위해서는 어떤 방법이 있을까?

　첫째, 무기명 신고 채널을 다양하게 만들어 놓는다. 비밀을 보장하는 것이다. 예를 들어 SNS 소통방, 홈페이지 내 건의사항 게시판 등이 대표적이다. 무기명 채널은 신고하는 사람이 편하게 어려움을 토로할 수 있는 통로를 제공한다. 관련 참모의 사실확인과 상급자의 명쾌한 조치는 부대원들에게 신뢰감을 줄 수 있다.

과거에는 SNS를 이용하여 부모님과 지휘관이 묻고 답하기도 했다. 지금은 단체 대화방을 만들어 부하들이 지휘관에게 직접 물어보기도 한다. 궁금증, 건의사항 등이 무기명으로 작성되고 지휘관은 이에 답을 하는 것이다.

둘째, 건의사항은 공식적인 자리에서 해답을 주고 추진과정을 설명해야 한다. 공개된 내용인 만큼 소문을 잠재우고 결정하는 데 도움이 될 것이다. 부하의 건의사항을 불만으로 받아들여 조치하지 않으면 오히려 외부로 불만이 새어 나갈 수 있다.

셋째, 말썽 피우는 인원이 있다면 과감하게 조치하여 체질을 개선해야 한다. '일신상에 문제가 되지 않을까?' 하는 걱정에 문제 인원을 조치하지 않으면 일을 더 키울 수 있다. 숨기려 해도 보는 눈이 많아 숨길 수도 없다. 상습적으로 문제를 유발한다면 부대원들이 공감할 수 있도록 조치하는 것이 현명하다.

양약고구(良藥苦口).
좋은 약은 입에 쓰다는 뜻으로 '충언은 귀에 거슬린다'는 고사성어다.

아프면 의사나 약사의 도움을 받아 병을 치료한다. 소통할 수 있는 창구를 다양하게 만들어 볼멘소리를 들어 보자. 불편한 소리를 회피하는 것은 병을 키우는 것과 다르지 않다. 🐢

고충처리는 신고자 보호부터

동굴 속에 숨겨라

늦은 밤 층간소음, 부부싸움 등 이런저런 갈등으로 아파트가 시끄럽다. 경찰의 사이렌 소리로 어느 집에서 벌어진 일인지 금방 밝혀진다. 아침이 되면 어제의 주인공은 고개를 숙이고 다닌다. 일상에서 아주 흔하고, 내게도 일어날 수 있는 일이다.

부대 안에서도 크고 작은 충돌로 지휘관은 매일 골머리를 썩는다. 특히 골치 아픈 것은 메일과 문자로 받는 고충처리다. 대부분 상급자로 인한 고통을 조치해 달라는 얘기다.

이때 가해자를 직접 불러 혼을 내면 신고자가 노출된다. 잘못 처리하기라도 하면 2차 가해자가 될 수도 있다.

교육담당관이 대대장에게 문자를 보냈다. "과장의 폭언과 욕설로 못 살겠다."라는 구체적인 내용의 문자였다. 지휘관은 진급을 앞둔 과장이 걱정되어 집무실로 호출했다. "스트레스가 많아도 부하에게 욕하면 너만 손해다. 교육담당관만 봐도 요즘 표정이 좋지 않더라."라며 경고했다. 과장은 "네가 찔렀냐?"라며 담당관에게 짜증을 냈다. 참다못한 담당관은 사단에 신고했고, 신고자를 노출한 대대장도 적법한 조치를 받아야 했다.

고충을 내부적으로 신고하는 것은 그래도 긍정적인 상황이다. 상급자를 믿고 있기에 보고 계통을 통해 처리하려는 것이다. 지휘관은 이 점을 유념하여 조치해야 한다. 신변을 노출시키면 사람들 앞에서 인민재판하는 것과 같다는 점을 생각해야 한다.

난사필작이(難事必作易).
어려운 일은 쉬운 일에서 비롯된다는 뜻으로, '쉬운 일을 신중하게 처리하면 어려운 일이 생기지 않는다'는 말이다.

드러내 놓고 싶지 않은 부하의 사정을 마음속 동굴에 숨겨 두자. 때론 고충처리 부서에 맡겨 순리대로 풀어 가는 것이 답이 될 수 있다. 🌕

실수를 가혹하게 처리하지 마라
의욕을 꺾으면 앞으로 잘할 수 없다

누구나 실수를 하며 산다. 감정을 이해 못 해 말실수도 하고, 명령을 처리 못 해 엉뚱한 방향으로 가기도 한다. 부대에서 섞여 살다 보면 흔히 일어날 수 있는 일이다.

지휘관은 이런 실수에 대해 관대해야 한다. 부하들이 실수할 때마다 처벌할 수는 없지 않은가?

부하가 잘못을 인정하고 용서를 구하거나 처벌이 두려워 선처를 구하는 경우가 있다. 한 번의 용서가 전화위복이 되어 성실히 복무하는 계기가 될 수 있다.

물론 다른 상대에게 피해를 준 악질적인 행동까지 모두 실수로 바라보라는 소리는 아니다.

상급부대와 업무협조 문제로 회의를 해야 했다. 정보장교는 회의 내용이 부대와 상관없다고 판단하여 보고하지 않았다. 회의 당일에 부대로 상급부대 인원들이 찾아왔고, 대대장은 당혹스러워했다. 정보장교는 대대장에게 불려 가 해명했다.

"공문에 우리 부대와 관련 없어 보고를 드리지 않았습니다."

"너는 관련 없다지만 지휘관으로서 일부 답을 줘야 하는 내용이다."

대대장은 이렇게 말하고 회의에 참석했다.

회의가 끝나자 정보장교는 대대장에게 가서 잘못을 사과했다. 대대장은 "처음이니 그럴 수 있다. 앞으로는 공문을 잘 이해해라."라고 충고하고 돌려보냈다.

지휘관은 실수의 범위가 중대한지, 그렇지 않은지 경험으로 알 수 있다. 권위만 따지면 작은 것에도 화를 낼 수 있다. 부하의 실수 한 번을 색안경 끼고 바라보지 말자. 같은 잘못을 반복할 때 책임을 물어도 늦지 않다.

위이불맹(威而不猛).

'위엄은 있으나 사납지 않다'는 말이다.

부하의 실수에 지나치게 반응하기보다 엄중하게 말 한마디만 해도 족하다. 실수를 자주 탓하면 부하의 의욕과 용기가 꺾일 수 있다.

부대를 바꾸려면 시간을 갖자
자연스러운 물길을 만들어라

새로운 집에 이사를 왔다. 집주인은 가구를 어떻게 배치할 것인지 고민도 하고, 넘치는 것은 이사 당일 버리기도 한다.

조직은 어떠한가? 지휘관이 되면 시스템과 규정을 정비해 원하는 방식으로 이끌고자 한다. 하지만 부대원들의 심리를 자세히 살피지 않고 시행하는 경우 원성을 감수해야 한다.

운전병은 밤낮으로 운행을 하다 보니 휴식을 제대로 취하지 못하는 경우가 종종 있다. 이를 보완하기 위해 운행시간을 포인트로 환산해 휴가를 보내 주기로 했다. 호응이 좋을 것으로 생각했던 중대장은 뜻하지 않은 벽에 부딪혔다. 차량마다 운행시간이 달라 특정 운전병만 유리했던 것이다. 결국, 제도를 보완하고 의견수렴을 통해 대안을 찾아야 했다.

시스템과 제도를 정비하려 한다면 시행 전에 부대원들의 의견을 수렴하는 것이 좋다. 그 시스템이 과거에 문제가 되어 현재 상태가 최선일 수도 있기 때문이다. 일방적으로 진행하여 부정적인 결과가 나타나면 지휘관을 탓하게 된다.

또한, 어떤 시스템이 다른 곳에서 과거에 성공적이었다고 해서 일방적으로 적용하지 말아야 한다. 업무의 유사성, 구성원의 특성이 달라 성공 여부를 장담할 수 없다.

이순신 장군도 같은 방법으로 적과 싸웠다면 모두 이길 수 없었을 것이다. 지형과 부하들의 특성까지 파악한 상태에서 싸웠기 때문에 이길 수 있었음을 상기해야 한다.

무위이화(無爲而化).

힘들이지 않아도 저절로 변하여 잘 이루어진다는 뜻으로, '덕이 클수록 백성들은 스스로 따라와 자연스럽게 마음이 변함'을 말하는 고사성어다.

조직을 반듯하게 세우기 위해 많은 제도를 만들 필요가 없다. 지휘관이 규정에 어긋난 일을 하지 않거나 행동으로 보여 주면 부하들이 따라 한다. 만약 계도가 되지 않는다면 그때 제재를 가해도 늦지 않을 것이다.

흐르는 물을 거슬러 올라갈 수 없듯, 한 조직도 오랜 시간 동안 정해진 방향을 하루아침에 바꾸기는 어렵다. 지휘관이 부하들 속에 녹아드는 시간이 필요하다. 오는 사람마다 물길을 바꾼다면 마실 물이 없게 메마를 수도 있다. 🐢

현장을 자주 둘러보라

책상에 앉아서는 답을 찾을 수 없다

'현장에 답이 있다'는 말이 있다. 오차를 줄이기 위해 현장을 자주 둘러보라는 것이다. 탁상공론보다 현실적이고 빠른 조치로 인해 미래에 번복하는 일을 예방할 수 있다.

신이 아닌 이상 경험이 많다고 모든 것을 알 수는 없다. 부임한 지휘관은 그 부대에서 경험이 풍부한 행정보급관, 주임원사의 의견을 우선 듣는 것이 좋다. 수십 년을 군생활해도 부대에서 오래 근무한 사람의 노하우를 따라잡기는 힘들기 때문이다.

춘계 진지 공사를 계획하면서 중대장은 장마를 대비하는 데 집중했다. 과거 경험을 토대로 소대장에게 지시했다. "호박돌을 이용하여 철책 하단부를 보강하라." 그러자 부소대장들이 반대를 하는 것이었다. "현장을 보시면 알겠지만, 경사가 심해 무게를 견디지 못합니다. 재고해 주십시오." 그러나 중대장은 뜻을 굽히지 않았다.

그대로 공사가 진행되고, 잘 정돈된 현장 앞에서 대대장의 칭찬도
받았다.

장마가 시작되면서 100mm 이상 폭우가 쏟아졌다. 호박돌로 보강
된 물골은 무게를 견디지 못해 쓸려 내려갔다. 결국, 철책 하단부
가 크게 유실되어 포크레인을 불러야 했다.

군대 일은 혼자 할 수 없다. 현장을 보지 않고 시행하는 행정은 사
고를 일으킬 수 있다. 특히, 경계부대는 한 번의 실수로도 안보 공백
이 발생할 수 있어 현장을 살피는 것이 매우 중요하다.

중대장은 기상에 상관없이 항상 소초를 순찰하는 꼼꼼한 사람이었
다. 경계근무자 근무 상태부터 취사장의 화구까지 이상 없어야 복
귀했다. 그런 꼼꼼함에 모든 간부가 힘들어했다. 하지만 임무를 마
치고 GOP를 철수한 중대는 사고 없이 완전 작전을 달성했다.

석불가난(席 不暇暖).

앉은 자리가 따듯할 겨를이 없다는 뜻으로 '바쁘게 돌아다님'을 말
하는 고사성어다.

지휘관은 현장에서 답을 찾는 것이 현명한 지휘 방법이다. 애로사
항도 바로 해결할 수 있어 일거양득의 효과를 볼 수 있다. 🍵

선두라고 자만해선 안 된다

선두주자는 언제든 뒤집힐 수 있다

'선두주자'는 사람들에게 매우 의미 있는 단어이다. 어떤 이들은 잘 보이려 하고, 경쟁자는 깎아내리기 위해 부정적인 면을 강조하기도 한다.

선두주자의 기준은 진급과 보직이다. 힘들지만 주요 직책에서 일하게 되면 진급에 가까워진다.

먼저 진급했다고 해서 계속 진급하는 것이 아니다. 계속 이어 가기 위해서는 부단한 노력을 해야 한다.

선두주자일 경우 어떤 자세로 임하는 것이 좋을지 선배들에게 물어보았다. 공통적으로 나온 답변을 정리해 본다.

첫째, 감사한 마음을 가지는 것이 좋다. 일을 많이 주면 능력을 인정받으니 감사하고, 묻는 이가 많으면 소통에 장애가 없어 감사한 것이다. 상급부대에 있다면 예하부대에서 걸려 온 전화에 "무엇을 도와줄까요?"를 먼저 물어보자. 그 사람은 감사한 마음을 가질 것이다.

둘째, 쓴소리하는 사람이 없다면 위기감을 가져야 한다. 조언을 받지 않고 잘해 내고 있다 자만하면 나의 이면을 볼 수 없다. 위기에 봉착하면 주변의 도움이 절실해도 돕는 이가 없을 수 있다.

중대장을 취임한 후배가 있었다. 동기들 사이에서 똑똑하다 정평이 나 있었다. 그는 부대 지휘에 거침이 없었다. 상급자는 후배를 전폭적으로 지지했고, 부하들은 지휘관의 능력에 토를 달 수 없었다. 하지만 그는 임기를 모두 마치지 못하고 부대를 떠나야 했다. 부하들의 고충상담과 인접 간부들의 투서로 보직해임을 당했기 때문이다.

셋째, 많은 사람을 접하고 대인관계 영역을 넓혀야 한다. '친해야 이긴다'는 말이 있다. 모든 일은 사람이 하는 것이기 때문이다. 주변에 많은 사람이 찾아올 수 있도록 인맥의 폭을 넓게 갖는 것이 좋다.

망자존대(妄自尊大).

앞뒤 생각 없이 잘난 체한다는 뜻으로 '자기만 잘났다고 뽐내어 자신을 높이고 남을 업신여김'을 의미하는 말이다.

말벌은 강인함을 뽐내듯 건물 귀퉁이에 집을 짓기도 한다. 하지만 인간은 말벌 집이 무서워 불태워 버린다.

선두라면 여유를 가져 보자. 급할 것 없지 않은가? 🐝

수많은 목소리에 휘둘리지 말자
진중하게 살피고 결정하라

지휘관은 매일 많은 사람을 접한다. 상급부대 인원, 부대 참모, 예하부대 지휘관 등 헤아리기도 벅차다. 많은 대화로 얻은 정보는 지휘 참고에 도움이 되어 향후 부대 일정을 계획할 때 유리하게 작용한다.

그러나 정보량이 많으면 과부하에 걸릴 때도 있다. 정확한 정보라 판단되는 사항들이 각기 다른 내용일 때 결심하는 데 장해가 된다. 어떤 내용이 맞는지 모르는 상황에서 어디에 물어볼 수도 없다.

이럴 때는 잠시 기다리는 것이 좋다. 괜히 나섰다가 지시사항이 틀리면 매번 부하들에게 사과할 수도 없지 않은가? 사실확인이 필요한 것이라면 더욱 신중하게 행동해야 한다.

작전장교는 하루에도 수십 통의 전화를 한다. 상급부대부터 인접부대까지 최근 이슈 사항을 대대장이나 과장에게 알려 주기도 한다. 어느 날 작전장교가 "검열단이 다음 주에 대대로 온다고 합니다. 탄약 관리를 중점으로 본다고 합니다."라고 보고했다.

대대장이 여단에 확인해 보니 '오지 않는다'는 답변을 들었고, 사단은 '안전 분야를 본다'고 했다. 대대장은 어느 말이 맞는지 몰라 전 분야를 점검했다. 검열 당일, 검열관들은 전투준비태세를 발령했다. 훈련을 준비하지 못한 대대장은 얼굴을 붉혀야 했다.

지휘관은 진중해야 한다. 귀가 얇아 사실확인을 못 하거나 언행을 가볍게 하면 본인이 감당해야 한다. 소문에 동요한다는 것은 현 상황에 대한 조치에 자신이 없다는 것과 같다. 잘못된 결정이 자신에게 칼이 되어 돌아오기 때문에 소문에 휘둘려 결정하는 일이 없도록 주의해야 한다.

대관세찰(大觀細察).
크게 보고 세밀하게 살펴보라는 말이다.

나타나는 현상만 보지 말고 본질을 들여다보는 관찰력이 필요하다. 부하들의 말에 하나하나 동요하면 끝없는 질문에 빠져 헤어 나오지 못하게 된다. 🦭

부대 사고 시 수습에만 전념하라
인터넷 댓글에 동요하지 말 것

크고 작은 사고가 일어나면 많은 전화에 답변도 하고 후속조치도 논의한다. 다행히 악성 사고가 아니면 일정 시간이 지나 수습 국면에 들어선다. 하지만 인명피해가 발생한 사고의 경우 언론에 부각되면 수습에 오랜 시간이 걸린다. 수사기관의 각종 점검을 받아야 하며 상급부대에 후속조치 과정도 설명해야 한다.

사고가 언론에 노출되면 지휘관들은 불특정 다수의 댓글 때문에 고초를 겪기도 한다. 댓글은 사고 내용의 정확성을 우선 짚어 보지 않는다. 결론만 전해 듣고 지휘관이나 관계자들을 비난하는 경우가 있다. 이런 댓글을 읽은 지휘관은 상실감에 빠져든다. 부정적인 여론이 조성되면 지휘관을 문책해야 한다는 글들이 많기 때문이다.

이럴 때 지휘관들이 댓글을 읽지 말 것을 권유한다. 잘 생각해 보라. 부대 사고에 관한 댓글이 이 순간 중요한가? 가장 중요한 것은 부대를 안정시키는 것이다. 사건을 정확히 알지 못하는 사람이 쓴

글을 읽고 있을 시간에 부하들이 동요되지 않도록 조치를 취하는 것이 낫다. 부정적인 댓글이나 상급부대 인사 조치는 내가 신경 써야할 부분이 아니다. 나를 바라보는 부하들의 눈동자와 가족들의 괴로움을 이해하는 데 관심을 쏟아야 한다. 그러지 않으면 사고 정리가 잘 안 되고 부대도 안정되지 않아 더 큰 어려움을 겪게 될 수 있다.

부대가 대민봉사 도중 땅속에서 폭발물이 터져 인명피해가 발생했다. 다행히 큰 부상자가 없었다. 하지만 사실과 다른 내용으로 사건이 언론에 보도되었다. 부대 내에 폭발물이 터져 인명피해가 났다는 것이다. SNS나 댓글에는 지휘관과 부대를 비난하는 목소리가 컸다. 끊임없는 댓글과 전화통화로 상처를 입다 보니, 부하의 부모님을 일주일 뒤에야 만나 위로와 사과를 해야 했다.

오우천월(吳牛喘月).

오나라의 소가 달을 보고 해인 줄 알고 헐떡인다는 뜻으로 '지레짐작으로 겁을 내어 걱정한다'는 고사성어다.

언론과 SNS는 정보를 접하는 좋은 수단이다. 하지만 사실이 왜곡되면 강력한 전파력 때문에 피해를 보기도 한다. 굳이 읽어서 마음의 상처를 받기보다 사태를 수습하는 것이 올바른 선택이 아닐까 생각해 본다. 🐢

동기를 계급으로 구분하지 마라
친구는 계급장보다 오래간다

    나와 오래된 동기일수록 함부로 대하거나 쉽게 생각하면 안 된다. '동기니까 나를 이해해 주겠지?'라고 스스로 판단한다면 오산이다. 친한 사이일수록 기분이 상하면 다시 보지 않게 될 수도 있기 때문이다. 친한 사이일수록 돈거래도 하지 말라는 말이 그냥 나온 것이 아니다.

    보이는 것만 의식해 계급으로 차별하면 자존심을 상하게 할 수 있다. 계급이 높든 혹은 낮든 간에 동기는 나의 가치를 대변하는 거울이기도 하다.

    이 소령은 홍 대위와 동기였다. 임관 전부터 막역한 사이로 지냈지만, 진급 결과는 서로 달랐다. 부대의 크고 작은 모임이 많아 그들은 종종 얼굴을 보며 지냈다.

    부대훈련이 끝나고 같은 해 임관한 동기 모임이 있었다. 전입해 온 동기의 환영 식사 자리에 대한 소식이 SNS를 통해 전해졌다.

이 소령이 홍 대위에게 물었다.

"이번 모임 누구 차로 갈까?"

"나는 연락 못 받았어. 소령들만 모이나 보다."

홍 대위는 이렇게 말하고 돌아갔다. 이 소령은 모임을 주도한 동기에게 "왜 소령만 모이냐?"며 핀잔을 줬다. 이 소령은 그 모임에 참석하지 않고 홍 대위와 저녁을 함께했다.

동문수학하던 동기가 계급이 다르다고 구분 짓는 것은 어리석은 행위이다. 행위가 잘못되면 나에 대한 사람들의 평가도 부정적일 확률이 높다. 어떤 경우 먼저 진급했다 해도 다음 진급에서 역전될 수도 있는 것이다.

죽마고우(竹馬故友).

대나무 말을 타고 놀던 벗, 즉 '어릴 때부터 놀던 친구 사이'를 가리키는 고사성어다.

많은 시간 함께한 동기는 누구보다 친한 친구이다. 계급으로 가치를 평가할 수 없는 존재인 것이다. 지금 내 계급장이 군문을 떠났을 때 내 어깨에 남아 있진 않는다. 군복을 벗었을 때 누구도 찾지 않는 인생은 너무 슬프지 않은가? 🐢

갈림길에서 올바른 선택을 하라
리더의 임무는 선택과 결심

간부가 되려면 기초 군사훈련을 통해 싸우는 방법을 배우고 임관한다. 세월이 흘러 진급하면 신분별 추가 교육이 이루어진다. 장교는 초급 및 중급 리더과정, 육군대학을 거치면서 계급에 맞는 전술을 익히게 되는 것이다. 부사관도 각종 리더과정을 거쳐 주임원사의 꿈을 키운다.

이 모든 교육과정을 더해 보면 2년 남짓 된다. 각종 이론과 실기를 익혀 야전에 배치되면 계급에 따라 직책과 부하들이 주어진다. 처음엔 수십 명의 부하를 두지만, 계급이 오르면 수천 명을 지휘 통솔하게 된다.

수십의 부하는 동고동락하며 생활할 수 있지만 수백의 인원은 모든 것을 함께할 수 없다. 임무, 규정, 개인사정 등을 고려하여 공정하고 투명한 부대 지휘를 해야 한다. 참모 조언, 경험과 경륜으로 상황을 판단하거나 다수의 의견을 듣기도 한다. 때론 아픔이 따르더라도 다수를 위해 결정하기도 한다. 리더의 일상은 선택과 결심의 반복인 것이다.

중대 일에 헌신적이고, 형편이 어려워 집으로 봉급을 보내는 병장이 있었다. 12월, 전역 전 휴가를 떠난 병장이 복귀하지 않았다. 마침 휴가 중이던 부소대장이 집 근처에서 찾아서 복귀시켰다. 미복귀 사유는 여자친구와 결별이었다. 소대장과 행정보급관은 중대장에게 선처를 바랐지만 그럴 순 없었다.

"120명의 부하가 지켜보고 있다. 규정을 지키는 것이 모두에게 좋다."

중대장은 이렇게 말하며 징계 심의를 통해 적법한 조치를 하였다.

갈림길에서 누군가 결정해야 한다면 그것은 지휘관의 몫이다. 신중한 나머지 선택하지 못한다면 지휘 방향에도 영향을 미친다.

망양지탄(亡羊之歎).

달아난 양을 찾다가 여러 갈래 길에 이르러 어찌할 바를 모르고 탄식한다는 고사성어다.

도저히 선택과 결심을 못 하겠다면 규정, 상식, 공정성을 따져 보라. 결심하는 데 조건은 충족될 것이다. 🈺

추천은 신중하게 하라
잘할 수 있는 자리여야 한다

적재적소에 인재를 활용하는 것은 가장 기본적인 조직 관리이다. 사람을 쓰는 것은 업무 및 협조 능력을 포함하는 것으로 잡음 없이 운용되어야 한다.

동료를 추천해야 한다면 내가 평가받는 것처럼 조심해야 한다. 능력 없는 사람을 추천하면 모양새가 우스워질 수 있다. 친한 동료에게 추천하더라도 대상자와는 일면식 없는 남이라는 것을 명심해야 한다.

과장은 성실성과 충성심이 높은 소령이었다. 다음 자리를 찾기 위해 몇 군데 지원하고 대대장과 면담을 했다. "상급부대 근무 경험이 없어 불러 주는 사람이 없습니다." 대대장은 "일단 기다려 보자."라며 격려해 주었다. 며칠 후 대대장에게 군단에 근무하는 선배로부터 전화가 왔다. "우리 과에서 전방 경험이 많은 소령이 필요한데 추천할 만한 사람이 없느냐?"는 내용이었다. 대대장은 과장의 수년간 전방 경험과 업무능력 등을 얘기해 주었다. 과장은 1개월 뒤 군단에서 근무하는 기회를 얻었다.

모든 것이 완벽하지 않아도 특정 분야에 탁월한 능력이 있으면 기회가 온다. 준비된 사람은 언제든 추천할 수 있다는 것이다.

추천할 때는 동료가 능력을 발휘하고 잘할 수 있는 곳을 추천해 주는 것이 좋다. 몸에 맞지 않는 옷을 입으면 조직과 동료 모두 힘들어지기 때문이다.

가부득감부득(加不得減不得).
더할 수도, 뺄 수도 없다는 말이다.

동료를 추천할 때 없던 것을 만들거나, 있는 것을 빼는 것은 옳지 않다. 사실이 아닐 경우 상대방이나 동료 양쪽 다 기분이 좋지 않을 것이다.

추천의 기본 원칙은 있는 그대로 설명하는 것이다. 그것이 현명한 방법이다. 🧿

유관기관과 소통을 피하지 마라
공공 목적을 함께한다

부대 작전지역을 돌아보면 다양한 유관기관이 있다. 유관기관이라 함은 공무원 조직과 같이 정부예산으로 운용되는 기관들이다. 정부예산으로 운용되는 기관은 공공 목적의 발전에 도움이 된다면 공식적으로 부대를 도울 수 있다. 군인과 그 가족들도 주민의 일원으로 지역 발전에 이바지하기 때문이다.

유관기관을 상대하는 것을 군인들은 어려워한다. 상대하는 기관에 대한 이해가 부족하거나, 기관장과 접촉점이 없어 어려움을 겪는 것이다. 만남이 성사되더라도 서로 나눈 대화는 공식적인 결과물로 나타날 수 있어 신중히 처리해야 한다.

그렇다면 유관기관과 만남 시 어떻게 대화하는 것이 좋을까?

첫째, 정치적인 이슈에 관여하지 말아야 한다. 시장이나 군수와 같은 기관장은 선거를 통해 당선된 정치인이다. 군은 정치적 중립을 준수해야 한다. 만약 상대방이 정치상황이나 이슈를 논의한다면 '하지 말아 줄 것'을 표현하는 것이 좋다.

둘째, 사적인 것을 교환하면 안 된다. 물질 혹은 인사청탁과 같은 사적인 부분을 해결하기 위한 만남을 가지지 말라는 것이다. 개인적인 이해관계로 엮이면 비리가 발생할 수 있고, 그러면 법적인 처벌을 받게 된다. 공식적인 행사라면 상호 기념품 교환 정도는 가능한 일이다.

셋째, 필요한 것은 공적으로 연관되어야 한다. 예를 들어 면회실을 만드는데 예산이 부족하여 지원받으려 한다면, 지역 발전에 도움되는 부분을 이해시켜야 한다. 만약 면회실 내부에 지역 홍보 내용을 배치한다면 지자체에도 이득이 되는 셈이다. 공공 목적은 상대방이 검토할 때 긍정적인 요소로 작용할 수 있다.

이 밖에도 유관기관을 통하면 전문가 도움을 받을 수 있다. 퇴근하면 군인도 사회 구성원으로 활동하기 때문에 생활 속 지혜도 필요하다. 관련 법령을 다루는 해당 기관의 전문가를 통하면 이를 해결할 수 있다.

여름철이면 음주운전, 익사 등 안전사고가 끊이지 않는다. 대대장은 수차례 정신교육에도 한계가 있음을 인지하고 유관기관에 도움을 요청했다. 경찰서와 소방서를 통해 음주운전 규정, 익사사고 예방 등 교육을 시행하였다. 부대원은 다양한 질문을 쏟아 내며 관심을 나타냈다.

물실호기(勿失好機).
'좋은 기회를 놓치지 않는다'는 뜻이다.

국민이 있기에 국가가 있듯, 지역민 없는 지자체는 존재하지 않는다. 유관기관과의 소통은 부대에도 도움이 된다. 성격 탓에 사람 만나는 것이 부담스러울 수도 있다. 그렇다면 중간관리자나 상황 판단력이 좋은 사람을 동행하는 것도 방법이다. 🧭

외부인사 맞이는 세심한 배려로
동선까지 고려하라

　장병을 격려하기 위해 상급부대 지휘관이나 민간기업 등 다양한 외부인사가 부대를 방문할 때가 있다. 이럴 때 일반적인 부대 활동이나 훈련 목적이 아니라면 준비하는 소요도 달라져야 한다.

　중요 인사 방문에 대한 준비는 어떻게 해야 할까?

　첫째, 무엇보다 먼저 할 일은 방문 목적을 파악하는 것이다. 방문 대상자의 실무자를 통하면 쉽게 알 수 있다. 방문 목적이 결정되면 준비 소요를 판단할 수 있다. 어떤 경우 장비를 진열하여 설명할 수도 있고 장병들과 대화만 하고 갈 수도 있기 때문이다.

　둘째, 첫 대면을 어떻게 할 것인지 결정한다. 차량이 도착했을 때 누가 마중을 나갈 것이며 어떤 말로 시작을 할 것인지 준비한다. 중요 인사가 우리 부대에서 과거에 근무했다면 첫 대화나 보고 내용이 달라질 수 있다.

A 인사가 부대를 방문하게 되었다. 20여 년 전 부대에 근무했던 분이라 중대장은 몇 가지를 추가 지시했다. "근무 당시 함께했던 간부를 파악하여 함께 마중 나갈 수 있도록 하자. 시설물 중 변화된 곳은 현장에서 볼 수 있도록 설명을 추가하면 되겠다."라며 동선을 조정했다.

셋째, 주요 동선을 그리는 것이다. 부대 소개를 어디서 어떻게 할 것인가를 고민하고 이후 일정을 계획한다. 동선을 구체화할 때는 시간 단위로 구분하는 것이 좋다. 어디에 누가 위치할 것인가도 정하여 소홀함이 없도록 한다. 현장에서 시연하는 시간이 있다면 브리퍼 준비상태도 확인해야 한다. 동선의 핵심은 코스가 자연스럽고 시간 할당이 명확해야 한다는 것이다.

대대장은 역대 지휘관 방문을 대비해 동선을 고민했다. 오래전 지휘관을 하셨던 분들이라 연세가 많아 신경 쓸 부분이 많았다. 대대장은 코스를 단순화하여 부대 소개와 장비 시연을 한 곳에서 하고 점심 후 복귀하는 것으로 정하였다. 거동이 불편함을 고려하여 안내 간부들을 1:1로 매칭했다. 행사를 무사히 마쳤고 격려금도 후하게 받았다.

마지막으로, 부대를 떠날 때는 기억에 남는 선물을 준비한다. 부대 기념품이 있다면 예산 사용에 큰 문제는 없을 것이다. 간혹 지역 특산물을 준비하는데, 이때는 부피를 고려하는 것이 좋다. 너무 크면 들고 가기에 불편할 수 있기 때문이다.

적시적지(適時適地).
'알맞은 시기와 장소'를 뜻하는 말이다.

외부인사에 대해서는 방문 목적과 시간 계획에 맞는 준비가 필요하다. 그리고 좋은 것을 보여 주기보다 상대방이 보고자 하는 것을 준비하는 것이 좋다. 🐢

재물조사는 반드시 하라
군수품 관리는 꼼꼼하게

재물조사. 부대로 보급된 물자와 장비에 대해 품목과 수량이 일치하는지 확인하는 것을 말한다.

부대 보급 품목은 개인물품부터 전투장비까지 다양하고 수량도 많아 정기적인 검사를 한다. 많은 품목을 한 번에 할 수 없어 1일 단위로 확인하는 것은 기본이다.

군수품에 대한 재산관리는 규정에 분명하게 명시되어 있다. 지휘관 교체 전·후 모든 품목을 실셈하여 이상 없는지 확인해야 한다. 이상 없으면 문서로 작성하여 차상급자에게 보고하는 의무도 있다.

이렇게까지 하는 이유는 군수품이 전시에는 중요 물자이기 때문이다. 전쟁이 났는데 보급품이 부족하다면 싸울 의지도 저하될 것이다.

많은 수량은 인수인계를 준비하는 사람들도 귀찮아 장부만 확인하고 끝내기도 한다. 이 경우 상급부대에서 점검이 나와 수량이 일치하지 않으면 군수품 관리 소홀로 큰 피해를 보게 된다.

대대장은 무기고, 탄약고 등 중요 시설이 안전상 이상 없는지 확인하는 활동을 해왔다. 현장확인을 마치면 미흡한 부분에 대한 지침을 주는 등 적극적인 사람이었다.

어느 날 담당관이 군수품 재산현황에 서명해 달라 찾아왔다. 대대장은 "수량이 맞는지 확인해 봐야겠다."라며 다음 주 일정을 재물조사로 조정하였다.

재물조사는 지휘관 주도로 이루어졌다. 부대별로 행정보급관들이 군수품들을 확인하였다. 재물조사가 끝나고 담당관은 "군수품 재산이 일치하지 않습니다. 일부 분실된 것도 있습니다."라며 보고를 했다.

대대장은 "손실과 망실(잃어버림)에 대해 보고할 수 있도록 준비해라. 덮어 놓고 갈 일이 아니다."라고 지시했다.

군수품에 대해 정리해 놓은 장부는 법정 장부이다. 한마디로 문제에 대해 법적 책임을 진다는 것이다. '실무자가 알아서 하겠지.'라고 뒷짐 지고 있을 문제가 아닌 것이다.

이모상마(以毛相馬).

털만 보고 말의 좋고 나쁨을 가린다는 뜻으로 '겉만 보고 사물을 평가하는 것'을 비유하는 고사성어다.

    지휘관은 재산대장의 수량과 담당관의 '이상 없다'는 말만 듣고 군수품 확인에 소홀해서는 안 된다. 군수품은 내 것이 아닌 국가 재산이다. 🍙

눈높이에 맞는 보안교육을
작은 관심이 군사보안을 지킨다

　군사보안은 국가 방위와 직결되는 문제로 매우 중요하다.

　말단에 있는 소대 작전계획을 모으면 중대 계획이 노출된다. 어떤 경우 오가는 대화 속에서 중요한 정보가 유출되기도 한다.

　지휘관은 부대의 군사보안을 유지하기 위해 어떤 노력을 해야 할까?

　우선, 구성원의 눈높이에 맞는 교육을 해야 한다. 초등학교에 입학하면 덧셈, 뺄셈부터 배우듯 보안업무도 기초가 중요하다. 개인 책임제라고 알아서 하라는 것은 무책임한 행동이다. 잘 모르면 알려 주고 지도해야 한다. 필요하다면 관련 참모가 그 역할을 하는 것이다.

　정보장교는 보안교육을 추진하면서 비밀문서 작성부터 전산 보안까지 교육 계획을 보고했다. 대대장은 "초급간부들에게 비밀문서 작성하는 방법이 직면한 문제는 아니다. 자주 발생하는 사례를 교육하여 경각심을 갖도록 하는 것이 좋지 않냐."라며 눈높이에 맞는 교육을 지시하였다.

"처벌을 피하고자 알아서 잘해야 한다."라는 식의 교육은 효과가 없다. 지휘관이 행동으로 한 번만 보여 줘도 변화될 수 있다. 예를 들어, 퇴근한 사무실을 돌아보라. 보안 위반사항이 식별되면 당사자의 책상에 메모만 남겨 두어도 경각심은 충분할 것이다.

상벌을 주려면 비중을 동일하게 하는 것이 좋다. 처벌에 대한 부분만 강조하면 책임 회피성 업무만 할 수 있기 때문이다. 과감한 포상 조치는 원동력이 될 수 있다.

실천궁행(實踐躬行).
실제로 몸소 이행하라는 말이다.

군은 정보를 보호하면서 개인의 노력과 시스템의 완전성을 요구한다. 시스템의 완전성을 갖추기 위해서는 실천하는 것이 중요한 요소이다. 🦎

해빙기 사고를 예방하라
진단과 교육은 필수다

추운 겨울이 지나면 개나리가 꽃을 피우는 봄이 온다. 아침의 살얼음도 자취를 감추고 얼어붙은 토양은 어느새 말랑말랑해진다. 해빙기가 온 것이다.

해빙기는 수분이 얼면서 토양이 부풀어 올랐다가 녹아내리는 2~4월에 찾아온다. 얼어붙은 땅이 녹으면 부대 곳곳의 축대벽 등이 무너지는 사고 발생 가능성이 커진다. 지휘관들은 이 시기가 되면 안전진단을 통해 위험지역을 보강한다. 노후 축대벽 보수 등 사고예방에 초점을 두고 부대를 지휘한다.

해빙기는 단순히 공사 소요가 많은 기간만은 아니다. 활동력이 높아지면서 군 기강해이 사고가 늘어나는 시기이기도 하다. 자연적인 사고 발생 확률만 높은 것이 아니라는 말이다.

중대장은 해빙기 안전진단 결과보고를 하라는 지시를 받았다.

중대 막사 뒤편 축대벽과 거점을 돌아보고 취약지역을 파악했다. 공사 소요를 잘 식별하여 대대에 보고했다. 자체 보수가 가능한 곳은 다음 날 정비에 들어갔다. 무사히 공사를 마치고 중대원들과 담배를 한 대 피우며 부대로 복귀하였다. 저녁 무렵 지휘통제실에서 긴급 전화가 왔다. 공사했던 지역에 산불이 발생하여 진화하라는 지시였다. 중대장은 등골이 서늘했다. 마지막 담뱃불을 제대로 끄지 않았던 기억이 떠올랐기 때문이다.

언 땅이 녹으면 마음도 그만큼 녹아내린다. 가뿐한 마음으로 마신 술 한잔이 음주운전과 성폭행을 유발하기도 한다. 안일한 생각이 군 기강해이 사고로 이어지는 것이다.

쇄수회진(碎首灰塵).
머리를 부서뜨려 재와 티끌을 만든다는 뜻으로 '정성과 노력을 기울이라'는 의미의 고사성어다.

해빙기 사고를 예방하기 위해서는 지휘관의 세심한 현장지도가 필요하다. 사고 위험지역 평가, 군 기강확립 교육 등 다각적인 노력을 해야 한다. 🪷

혹한기훈련, 철저하게 대비하라

추위와 싸움이다

혹한기는 몹시 심한 추위가 지속되는 시기이다. 이 기간에 부대는 야외훈련을 통해 겨울을 극복하기 위한 훈련을 한다.

혹한기훈련은 추위와 싸우고 전투에서 승리도 해야 한다. 하지만 무엇보다 안전하게 훈련을 마치는 것이 중요하다. 혹한의 기온은 전투 의지를 꺾어 대비하지 않으면 비전투 손실을 발생시키기 때문이다.

중대장은 혹한기훈련을 준비하면서 훈련 기간 기온이 영상이라서 다행이라 생각했다. 훈련 전 출동 군장을 준비하다 보니 짐이 너무 많았다. 행군까지 해야 하니 무거운 것은 짐이라는 생각이 들었다. 최대한 무게를 줄이기 위해 동계피복과 보온팩만 간단히 챙기고 출동했다. 훈련 2일 차 밤에 폭설이 내리고 기온이 영하 15도까지 내려갔다. 피곤한 마음에 행군 간 신은 양말을 신고 잔 중대장은 동상에 걸렸다. 긴급하게 병원으로 후송 갔고, 훈련이 끝나고서야 돌아왔다.

동계훈련은 여러 가지 제한사항이 따른다. 기상, 적설량 등 자연적인 것부터 부주의한 안전사고까지 돌발상황이 많다. 이 점에 유의하여 훈련 전 여러 가지 준비상태를 확인해야 한다.

무엇보다 중요한 것은 방한대책을 면밀하게 살피는 것이다. 여벌의 전투복, 전투화, 양말은 필수 방한대책이다. 땀과 수분으로 젖은 전투복과 양말은 수시로 교체하여 동상을 예방해야 한다. 또한, 이전에 동상을 겪었던 환자가 있다면 추위에 노출되어 악화하지 않도록 병행 확인해야 한다.

철두철미(徹頭徹尾).
'처음부터 끝까지 철저하게'라는 말이다.

추위가 행동을 둔하게 하지만 개인위생과 숙영지는 철저하게 확인해야 한다. 한 번의 안일한 생각은 부하를 위험에 빠트릴 수 있기 때문이다. 🪷

Chapter 2

참고 견디니까
참모

Note 1.
참모야, 기본을 말해 줄게

지휘관이 바뀌면 빠르게 반응하자
온도에 민감한 귀뚜라미처럼

단풍이 물들어 가는 가을이면 수풀 사이로 온도 변화를 감지한 귀뚜라미가 울어 댄다. 귀뚜라미는 8~10월 한 철을 보내며 사람들에게 계절의 변화를 알린다.

이처럼 부하도 지휘관이 바뀌면 변화된 온도를 체감해야 한다. 과거 지휘관의 스타일과 방침을 적용하여 무작정 업무를 시작하지 말라는 소리다. 지휘관의 표정과 말투에서 지휘 의도를 파악하고 보고 방법과 시기도 잘 판단해야 한다.

정보장교는 전임 대대장의 에이스 참모로 사랑을 한 몸에 받았다. 평소처럼 대대장에게 기상을 보고하면서 '눈이 오니 훈련 취소 검토'를 보고했다. 전임 대대장이라면 타당하다며 취소했을 것이다. 하지만 신임 대대장은 "몇 시에 얼마나 오냐? 확률은 몇 퍼센트냐?"라며 물었다. 정보장교는 당황했지만 "14시에 80% 확률입니다."라고 답을 했다. 대대장은 14시 참모들을 대동하고 막사 밖에서 맑은 하늘을 바라보며, "정보장교, 눈이 안 온다. 기상을 보고하려면 동네 예보를 참고해. 뉴스 기상예보는 범위가 넓잖아. 훈련할 기회를 놓쳤네."라고 말하고 돌아갔다. 대대장의 꼼꼼한 행동은 예하부대에 빠르게 전파되었다.

같은 일을 오래 하면 나태해진다. 결과가 좋을수록 변화보다 유지하는 것을 선호하여 큰 발전을 이룰 수 없다.

지휘관이 바뀌면 우선 그 사람이 걸어온 길을 알아보는 것이 좋다. 어떤 일을 집중해 왔는지 살펴보고 그것에 맞춰 참모 활동을 하는 것이 현명하다.

새옹위복(塞翁爲福).
한때의 이로움이 장래에는 해가 되기도 하고, 화가 도리어 복이 된다는 고사성어다.

매 순간 좋을 수만은 없다. 감정에도 기복이 있듯 군생활도 오르락내리락하는 일이 많다. 급변하는 시기는 항상 지휘관이 바뀔 때이다. 과거를 말하지 말고, 상황을 잘 살피고 대안을 제시하라. 🎎

윗사람의 성향부터 파악하라
눈치껏 행동해라

상급자 성향에 따른 부대 운영은 부하에게 많은 변화를 요구한다. 하급자로서 상급자에게 맞추려면 어떻게 해야 할까?

제일 먼저 파악할 것은 업무 스타일이다. 손쉬운 방법은 기존에 근무했던 사람을 통해 알아보는 것이다. 보고서 작성 기준, 싫어하는 것 등을 파악하다 보면 많은 것을 듣게 될 것이다.

잘 모르겠으면 옆 사람이 하는 것을 보고 맞춰 가면 시행착오를 줄일 수 있다. 인사이동 때가 되면 5년 차 이상 선배들 행동을 유심히 살펴보자. 여러 사람과 통화하면서 후임 상급자에 대해 묻는 것이 보일 것이다. 운이 좋으면 그 선배들의 정보가 내게 득이 되기도 한다.

다음은 선호하는 것에 동참하는 것이다. 사람마다 좋아하는 것과 싫어하는 것이 있다. 식품, 종교, 운동 등 선호하는 것을 알아보고 함께하자. 보고하기 껄끄러운 것도 좋아하는 것을 함께하다 보면 단번에 해결되기도 한다. 동참하면서 나눈 대화에 대한 이유를 상급자가 모르지 않는다. 그 과정을 본인도 겪어 봤기 때문에 어려움을 자연스럽게 해결해 주는 것이다.

'낄끼빠빠'. 시쳇말로 낄 때와 빠질 때를 알고 행동하라는 말이다.

너무 급하게 인정받으려 하면 망치기 쉽다. 상황과 역량을 살펴 임무를 받아 처리하여 실수를 줄이는 것이 좋다.

어렵고 힘든 상급자도 정해진 임기가 지나면 떠나기 마련이다. 공동의 목표를 달성하기 위해 맞추다 보면 한 철 보내는 게 어렵지 않을 것이다. 🐢

생각이 없는 참모는 도움이 못 된다
아이디어를 장착하라

참모는 바쁜 일상에서도 다양한 아이디어를 발굴하여 부대 발전에 기여해야 한다. 아이디어를 찾기 위해 가장 먼저 할 일은 달력에 올해 이슈와 부대 일정을 스크린하는 것이다.

① 상위 부서가 해야 할 일, 정부 차원에서 통제되는 일정을 우선 정리한다.
② 시기적으로 내가 해야 할 일을 기록한다. 이때, 업무 결과가 대내·외적으로 이슈화될 수 있다면 효과적이다.

기록된 일정에서 효과를 극대화할 아이디어를 추가하여 차분하게 준비하자. 아이디어가 없다면 벤치마킹하면 된다. 이는 단기간에 효과를 보는 방법으로, 다른 이들이 한 것을 변형하는 것이다. 주의해야 할 점은, 부대 사정과 맞지 않으면 호응이 좋지 않기 때문에 잘 살핀 후 추진해야 한다는 것이다.

보안담당관이 보안 감사를 준비하면서 '보안 우체통'을 설치하여
군사자료나 도서를 반납하도록 하였다. 하지만 부대원들이 "기존
군사자료 수거함이 있어 불필요하다."며 대대장에게 건의하여 시
행 1주 만에 제거되었다.

반응이 좋았던 아이디어는 문서로 모아 상급부대 점검이나 후임
자 인수인계를 위해 준비해 두는 것이 좋다. 부대를 홍보할 수도 있
고 후임자가 업무 파악에 도움 될 수 있기 때문이다.

일거양득(·擧兩得).
하나로 둘을 얻는다는 고사성어다.

일도 잘하고 아이디어가 풍부한 참모는 어디에서도 좋은 평가를
받는다.
부대의 구성원으로서 '내가 부대를 이끌어 간다.'라는 생각으로 접
근하면, 좋은 아이디어가 부대 발전에 밑거름이 될 것이다. 😄

이기는 방법을 항상 연구하라
군인도 이겨야 기억된다

서점에 가면 많은 책이 쌓여 있다. 생각 없이 가면 한 권도 고르지 못하고 돌아오기 일쑤다. 지인이 추천하기도 하지만 나에게 맞지 않으면 지갑을 열기 어렵다. 어떤 책을 읽을지 선택 장애가 오면 결국 많이 팔린 인기 도서를 찾게 된다. 많은 사람이 읽었으니 내용은 검증된 셈이다.

군인도 이겨야 기억된다. 싸우지 못하거나 패배한 장수는 기억되지 않는다. 이순신 장군이 승리의 대명사가 된 것은 어려움을 딛고 이겼기 때문이다.

군인은 이길 방법을 항상 연구해야 한다. 전쟁을 대비하기 위해 국가가 봉급을 주는 이유다.

매일 한 가지 상황조치 모델을 만드는 과장이 있었다. 주변 참모들은 '굳이 그렇게까지 할 필요 있냐'며 만류하기도 했다. 과장은 "언제 무슨 일이 벌어질지 모른다. 다양한 상황을 준비하는 게 좋지 않겠나?"라며 이유를 설명했다. 작성한 모델로 훈련하면서 매복 진지 위치도 바꾸었다. 일주일 후 그 진지에서 귀순자를 유도했다. 과장의 활약상은 온 부대로 소문이 났다.

군인은 누군가에게 이기는 방법을 찾아 달라 부탁할 수 없다. 양성기관의 군사교육과 야전부대의 전술훈련을 통해 싸우는 방법을 터득해 간다. 이렇게 기초지식이 쌓이면 창의적인 방법을 연구하여 싸우는 기술에 접목해 나가는 것이다.

적소성대(積小成大).
작은 것도 쌓이면 크게 된다는 고사성어다.

몇 개의 문장이 모여 책이 만들어지고 사람들에게 삶의 양식이 된다. 좋은 책은 결국 잘 팔리는 책이다. 군인도 여러 가지 방법을 연구하여 싸움에서 승리하는 것이 국민이 원하는 군인 상(像)일 것이다.

정확한 언어를 사용하라
단어 하나도 생각하고 말하라

초등학교 때부터 배운 국어보다 군대 언어에 익숙해지면서 어느새 말투가 거칠어진다. 말끝마다 '다'나 '까'로 끝나는 군대용어는 "잘못 들었지 말입니다."와 같은 이상한 말을 만들어 내기도 한다. 이런 말투 때문에 군인들이 딱딱하다는 소리를 많이 듣는다.

2000년대만 해도 어느 집에 가나 국어사전이 한 권쯤 있었다. 그 시절에는 군부대도 보고서를 쓸 때 사전을 찾아보며 정제된 언어를 사용했다. 단어 하나로 의미가 다르게 해석될 수 있기 때문이다.

'외'와 '등'의 두 단어를 예로 들어 보자. 'A 외'는 A를 제외한 것이며, 'A 등'은 A를 포함한 것이다. 한 글자 차이지만 포함하느냐 포함하지 않느냐를 구별하게 된다. 공적인 문서라면 혼용했을 때 큰 실수가 될 수도 있다.

10년 차 대위가 부서장과 함께 출장길에 올랐다. 자동차 창을 통해 들어오는 가을 바람을 맞으며 혼자 노래도 불러 본다. 차 안에 커피 향이 맴돌자 부서장이 물었다.

"좋은 커피 향이 나는데 이건 뭐냐?"

"더치커피입니다. 졸리시면 한잔하십시오. 공용입니다."

그러자 부서장은 "공용이면 몇 명이 마시냐? 10년 군생활이면 말도 잘해야 한다."라며 핀잔을 주었다.

출장을 마치고 차에서 내리던 부서장이 한마디했다.

"차 잘 마셨다. 선물로 국어사전 줄게."

과즉물탄개(過則勿憚改).

《논어》에 나오는 말로, '잘못을 하면 즉시 고치는 것을 주저하지 말라'는 것이다.

일상생활에서 단어 하나 실수한다고 큰일이 일어나진 않는다. 하지만 군대는 단어 하나로 방법이 달라질 수 있어 평소에 주의하는 습관을 갖는 것이 좋다. 😁

보고서의 의도를 파악하라
모를 땐 물어보자

참모는 하루에 얼마나 많은 보고서를 만들까? 적게는 1개, 많게는 3~4개를 동시에 만들어야 마음 편히 퇴근하기도 한다. '군에 무슨 보고서가 그리 많지?' 생각할 수 있지만 수천 명에게 같은 조건을 주려면 명문화된 근거가 필요하다.

보고서는 참모에게도 고통의 연속이다. 제목을 어떻게 할 것이며 어떤 내용을 채울지 고민하게 된다. 작가의 시선에서 빈 종이에 글쓰는 것과 같은 것이다.

경험 많고 해봤던 일이라면 보고서 한 장이 어렵지 않다. 그런데 어려운 것은 지휘관 의도를 맞추었느냐는 것이다. 내 생각만으로 만들면 결국 수정하게 되고 일이 끝없이 반복되게 된다.

일을 줄이려면 지휘관의 생각부터 읽어야 한다. 하지만 사람의 생각을 읽는 것은 쉽지 않아서 지휘관에게 물어보는 것이 가장 빠른 길일 수 있다. 지휘관이 의도를 말하지 않는데 알아서 이해할 수는 없는 것 아닌가.

군수장교는 보고서를 잘 쓴다고 소문이 나 있었다. 인접 실무자도 작성한 보고서를 그에게 보여 주며 수정하기도 했다.

부대 회식 날 대대장이 참모들에게 군수장교를 칭찬했다. "군수는 나에게 항상 질문한다. '의도가 무엇입니까? 이 방향을 얘기하는 것이 맞습니까?' 물어본 후 보고서를 작성해서 온다. 그러다 보니 보고서에 'GOOD'이라고 써 준다."라며 군수장교의 보고서 작성 방법을 얘기해 주었다. 그는 대대장에게 먼저 묻고 보고서를 작성해 불필요한 시간과 노력을 줄인 것이다.

연지삽말(軟地揷抹).

무른 땅에 말뚝 박는다, 즉 '일하기 매우 쉽다'라는 말이다.

직책을 부여받아 주어진 임무를 완수하려는 것은 누구나 똑같은 과업이다. 지휘관은 무서운 존재가 아니다. 고민만 하지 말고 물어 보라. 🐢

보고에도 요령이 필요하다
장문의 보고서는 미리 넣어 둔다

보고서는 활용 목적에 따라 다양한 종류가 있다. 결재를 받아 시행하거나, 어떨 때는 참고만 하라고 만들기도 한다.

목적이 결정되면 어느 정도 분량으로 담아 낼지 고민한다. 한 장으로 보고할 것인지, 수십 장, 혹은 책으로 낼 것인지.

몇 장 안 되는 보고서는 보고 당일 말로 보고하면 된다. 반면 장문의 보고서는 지휘관이 지침을 주는 시간이 필요해 고민하게 된다. 이럴 땐 구두 보고보다 문서를 하루 전에 지휘관실에 넣어 두는 것이 좋다. 지휘관에게 사전 검토하는 시간을 드리는 것이다. 보고 당일에는 지휘관 지침만 나오면 시간을 줄일 수 있다.

급양담당관은 10페이지 분량의 보고서를 작성했다. 과장은 대대장실에 미리 넣어 두라면서 실무자에게 하나의 팁을 주었다.

"메모지에 간략하게 내용만 요약해서 첨부해라. 그러면 보고서의 성격을 아실 거다."

보고 당일 대대장은 간단한 질문 몇 개와 지침만 주고, 10분 만에
보고가 끝이 났다.

보고서는 문장의 흐름을 잘 연결하여 내용이 끊기지 않도록 해야
한다. 또한 페이지 수를 늘리기 위해 불필요한 표를 많이 사용하는
것을 자제하는 것이 좋다. 보고서는 핵심적인 문장으로 승부하는 것
이다.

술자지능(述者之能).
문장의 잘되고 못됨은 지은이의 능력에 달렸다는 뜻으로 '일의 잘
잘못은 그 사람의 수단에 달렸다'는 말이다.

장문의 보고서는 되도록 만들지 않는 것이 좋다. 실무자나 지휘관
모두에게 시간을 낭비하게 할 수 있다. 최고의 보고서는 한 장으로
만들어 내는 보고서다. 물론 그 한 장이 어렵긴 하다. 🐢

부정적인 말을 삼가라
투덜이는 누구도 좋아하지 않는다

같은 말이라도 해석에 따라 부정적이거나 혹은 긍정적일 수 있다. 매일 보는 동료도 어떨 땐 오해가 생겨 싸움이 날 수도 있다. 이런 사태를 막기 위해서는 말을 할 때 조심해야 한다.

특히, 지휘관 앞에서 부정적인 말을 자주 사용한다면 주의해야 한다.

부정적인 말이 반복되면 나를 볼 때마다 부정적인 이미지를 먼저 떠올리게 된다. '가랑비에 옷이 젖듯' 내 이미지로 굳어질 수 있다. 한번 굳어진 이미지는 주변까지 불편하게 할 수 있다.

화학장교는 부대에서 일할 때마다 불평불만을 토로했다. 체육대회를 해도 "왜 하는지 모르겠네. 잠이나 자게 해주지."라며 동료들과 어울리는 것도 싫어했다. 심지어 표창을 받아도 "돈으로 주지, 종이를 줘서 뭐 하냐."라며 없는 자리에서 지휘관을 모욕하기도 했다. 전화통화를 할 때 "왜 나한테 얘기합니까? 옆 사람 일인데."라며 상대방과 수십 분간 싸우기도 했다. 어느 순간부터 동료들은 화학장교를 투덜이로 불렀다. 매일 투덜대는 그는 참모 모임에도 초대받지 못하는 신세로 전락했다.

지휘관은 능력이 아무리 좋아도 부정적인 참모는 선호하지 않는다. 협업을 통해 일을 처리해야 하는데 매번 부딪치면 곤란하기 때문이다. 그래서 참모를 선발할 때 이왕이면 동료들과 협동성이 좋은 사람을 뽑는다.

회자인구(膾炙人口).
멀리 사람들에게 알려져 입에 오르내린다는 고사성어다.

좋은 일로 사람들 입에 오르내리는 기간은 잠깐이다. 하지만 부정적인 언행은 꼬리에 꼬리를 물고 회자된다. 가십거리 기사처럼. 🐢

불만을 오래 묵히지 마라
직접 물어보는 것도 방법이다

전·평시 함께하는 동료들과의 신뢰는 군인에게 중요한 요소이다. 전투가 벌어질 때 내 목숨을 동료에게 맡겨야 하기 때문이다. 동료들과 지내다 보면 불만도 생기고 신뢰성이 의심되는 경우도 발생된다. 하지만 오래 묵혀 두고 지내기엔 불편한 것이 많아, 그럴 땐 진심 어린 대화로 해결하는 것이 좋은 방법이다.

부대에서 함께 지내는 지휘관과 부하의 관계도 이와 동일하다. 불신 요소가 있다면 신뢰관계를 회복하기 위한 노력을 해야 한다. 신뢰관계가 의심스러울 때는 시간을 갖고 기다려 보는 것이 좋다. 시간을 갖는 것은 그 이상 불신을 쌓지 않으려는 방법이기도 하다.

기다리는 것이 답답하면 직접 물어보는 것도 방법이다. 마주치며 지내는데 언제까지 기다릴 수 없다면 물어보라. 불만이 있다면 대면으로 해결하는 것이 빠른 길일 수 있다. 무너진 신뢰가 오래가면 오해가 깊어져 폐단을 낳을 수 있다.

똑똑. 지휘관 사무실을 노크하며 담당관이 들어갔다.

"왜 왔어? 무슨 일인데? 표정이 왜 그래?"

지휘관이 쏘아붙이는 말투로 물었다.

"보고드릴 문서가 있습니다."

담당관은 간단히 말하고 검토를 받고 나왔다.

돌아온 담당관은 옆자리 동료와 불만을 나눴다.

"매번 왜 그러시냐?"

"우리를 못 믿잖아. 의심이 많아서."

동료도 지휘관을 험담했다.

성격 급한 담당관은 지휘관을 다시 찾아갔다.

"저에게 문제가 있다면 고치겠습니다. 알려 주십시오."

그러자 대대장은 "검토 자료가 많아 답만 들으려다 보니 그런 것 같다."라며 사과를 했다.

그는 실무자에게 불만이 있었던 것이 아니라 업무로 인한 스트레스가 쌓여 본인도 고통받고 있었던 것이다.

지휘관에게 불만을 직접 물어보는 것이 쉬운 일은 아니다. 하지만 묵혀 두고 가는 것은 서로 좋은 평가를 하지 않겠다는 신호가 될 수 있다.

동고동락(同苦同樂).

괴로움과 즐거움을 함께한다는 말이다.

    지휘관과 참모는 가족 외에 가장 긴 시간을 함께하는 사람들이다. 다시는 보지 않을 사이가 아니라면 쌓인 감정은 빨리 해결하는 것이 좋다. 🙂

변명을 늘어놓지 마라
인정하고 두 번 실수하지 말자

참모는 지휘관과 부대 운영에 대한 토의나 브리핑 등 많은 대화를 한다. 지휘관과 대화 시 실수하지 않기 위해 연구도 하고 보고 연습도 한다. 철저한 준비만이 살 길이기 때문이다.

그러나 지휘관의 기습적인 질문에는 수십 번의 연습도 소용없다. 머릿속은 순간 명해지고 심장박동은 빨라진다. 어떻게 대답할까?

하지만 순간을 모면하기 위해 거짓말을 해 발각되면 수습하기 어렵다. 신뢰가 깨지면 다음번 보고부터는 더 어려워질 것이다.

과장이 세 건의 보고서를 들고 대대장을 찾아갔다. 대대장은 보고를 듣고 난 뒤 이것저것 질문을 던졌다.

"두 개 보고서 하루에 다할 수 있나? 세 번째는 상급부대와 연관되는데 지휘 방향과 다르다."

"두 보고서는 일정을 다시 판단하겠습니다. 세 번째는 다시 확인해

보겠습니다."

과장이 이렇게 대답하고 넘어가는 듯했으나 대대장이 서랍에서 문서를 하나 꺼내 보더니 기습 질문을 했다.

"근데 첫 번째 보고서는 이것과 내용이 다르네."

과장은 변명했지만 번번이 막혔다. 계속된 질문에 "죄송합니다. 확인 못 했습니다."라고 답하고 지휘관실을 나올 수밖에 없었다.

실수하는 이미지를 만들지 않기 위해 변명하는 것은 옳은 방법이 아니다. 지휘관도 그 과정을 거쳤기 때문에 금방 알아차린다. 오히려 실수를 인정하고 변명하지 않는 것이 정직해 보이고 신뢰감을 줄 수 있다.

동족방뇨(凍足放尿).

언 발에 오줌 누기, 즉 '임시방편으로 한 일은 나쁜 결과를 가져올 수 있다'는 말이다.

명확하게 사실확인이 되지 않았을 때는 말을 아끼는 것이 좋다. 잦은 변명보다 한 번 질책받고 두 번 실수하지 않는 것이 현명한 참모이다. 🍘

내 자리만 찾다가는 다 잃는다

욕심을 비워야 채워진다

내 주머니를 우선 채우려는 것은 인간의 본성 중 하나이다. 보직, 진급 기회 등 필요한 것을 채워 나가 경력을 쌓는다.

내 것이 아니라면 남에게 나눠 줌으로써 인심도 얻는다. 가져 봐야 불편한 짐이 될 수 있기 때문이다.

마음을 비우고 얻어 낸 결과가 항상 좋은 것만은 아니다. 그렇다고 기다림에 조급해할 필요는 없다. 버스가 떠나도 몇 분 지나면 동일 노선의 다음 버스가 오기 마련이다.

몇 해 전 A 선배가 누구나 원하는 참모 자리를 거절해 이유를 물어보았다.

"그 자리에 가기 위해 1년을 기다린 B 선배가 있다. 윗사람과 내가 친분이 있다고 밀어낼 순 없다. B 선배처럼 1년 기다리려고 한다."

그런데 A 선배는 곧 상급부대의 좋은 자리로 이동하게 되었다. 지휘관이 A 선배의 배려심을 높이 평가해 추천한 것이다.

《삼국지》에는 조조가 한자로 '합할 합(合)' 자를 쓴 일화가 나온다. 글자의 구성은 '사람 인(人)', '하나 일(一)', '입 구(口)'로 되어 있다. 우리 생활에 비춰 보자면, '한 사람에 한 입'인 셈이다. 너무 많이 먹기보다 한 입이면 충분한 것이다.

인사이동 시 좋은 자리를 기가 막히게 찾아가는 후배가 있었다. 상급부대 좋은 자리가 났다는 소식에 후배는 훈련을 앞두고 떠나려 했다. 지휘관은 "큰 훈련이 있는데 과장이 떠나면 어떻게 하나? 훈련 후에 가는 것이 좋지 않나."라며 권유했다. 지휘관의 만류에도 불구하고 후배는 떠나겠다고 말했다. 보직심의 결과 그 후배는 한직에 보직되었다. 뜻밖의 결과에 모두 놀랐는데, 후일 들어 보니 지휘관이 상급부대로 전화했다는 것이다. 과장의 무책임한 행동들을 알려 상급부대에서 거부했다고 한다.

관인대도(寬仁大度).
마음이 너그럽고 인자하며 도량이 크다는 뜻이다.

욕심을 비우고 그 마음에 사람을 채워 보자. 절대 비워지지 않는 창고가 될 것이다. 🦁

Note 2.
일만 잘한다고 될 일이 아니다

잘난 체하면 적만 늘어난다
진급 앞에 거만함은 과식하는 것

진급을 하기 위해서는 자격증, 보직 이수 등 해결해야 할 요구사항이 많다. 이것들이 모이면 나를 대변하는 자력이 된다. 하나라도 소홀히 하면 종합 점수에 도달하지 못해 퇴근 후 늦은 공부를 하기도 한다. 이렇게 일정한 역량을 갖추면 진급 조건에 한발 다가가게 되는 것이다. 몇 번의 진급으로 자신감이 쌓이면 두려움도 줄어든다.

자력이 준비되어도 평정을 잘 받아야 한다. 평정은 지휘관이 부하를 대상으로 1년에 두 번 평가한다. 업무실적, 성실성, 협조성 등 다양한 분야에 점수를 주는 것이다. 객관적이고 냉철하게 평가되는 만큼 부정적일 때 치명상을 줄 수 있다. 내 능력만으로 진급할 수 있는 것이 아닌 것이다.

진급 발표를 앞두고 모임이 있었다. 잘나가던 선배 한 명이 자기

자랑을 시작했다. "내가 지금까지 자력을 쌓아 1차에 진급하고, 현재 참모 직책도 좋아 올해 진급 확률이 높다. 동기들은 그다지 좋은 자리에 없어."라며 후배들 앞에서 너스레를 떨었다. 모두 당연하다며 선배의 말에 공감해 주었다. 하지만 그 선배는 지금까지 진급하지 못했다. 무엇이 문제였을까? 주변 여건도 좋아 이상 없다는데 지나친 자신감이 화를 부른 것일까? 시간이 흘러 술 한잔 기울이며 그 선배에 관해 듣게 되었다. 놀라운 것은 많은 상급자들이 그를 기회주의자라 평가한다는 것이었다.

진급은 내가 하지만 주변에서 도와줄 때 힘이 배가된다. 아무리 잘났다고 해도 누군가에 의해 내가 평가를 받는 것이다.

동두철신(銅頭鐵身).
성질이 모질고 의지가 굳어 거만한 사람을 비유적으로 이르는 말이다.

진급이라는 목표는 누구나 갖고 있지만 풀어 가는 과정은 다르다. 폭주하는 기관차를 타고 달리면 터질 수 있다. 엔진을 끄고 잠시 사람 구경을 해보자.
죽을 때까지 군생활하는 것도 아닌데 진급이 인생의 전부인가? 😊

참모의 역할은 어디까지인가
사리 분간을 잘하라

시쳇말로 '제멋대로' 해서 지휘관이고, '참고 견뎌서' 참모라고 말한다. 우스갯소리로 지어낸 말처럼 들리겠지만 일정 부분 맞는 말이기도 하다. 지휘관은 부대 전반에 책임을 지고 판단과 결심을 한다. 참모는 지휘관의 지시가 어려워도 수행하기 때문에 이런 말이 나온 것이다.

참모를 하면서 내가 지휘관이 되었을 때를 상상하곤 한다. '나라면 이렇게 할 텐데.'라며 고민도 해본다. 현실에서 불가능할 것 같지만 가끔 유사한 경험을 해볼 수도 있다. 다름 아닌 대리근무이다.

대리근무는 지휘관이 휴가나 출타 시 선임 참모가 지휘관을 대신해 부대를 운영하는 것이다. 그러나 명심할 것은 대리일 뿐 지휘권을 행사하라는 것이 아니다. 잠시 맡겨 둔 자리를 안정적으로 관리하여 지휘관이 돌아왔을 때 이상 없도록 인계해야 한다.

대대장의 3일간 휴가로 과장이 대리근무를 하게 되었다. 평소처럼 회의를 주관하면서 부대 일과를 조정하였다. 회의가 끝날 때쯤 과장은 "정보담당관 오전에 보안 점검만 하고 일찍 퇴근해라. 며칠간 참모들도 돌아가면서 쉬자."라며 조기퇴근을 지시했다.

이튿날 군사경찰이 부대에 들어왔고 과장이 조사를 받았다. 조기 퇴근했던 간부가 음주운전 사고를 일으킨 것이다. 정당한 사유 없이 조기퇴근을 지시한 과장도 조사를 받게 되었다.

윗사람이 없다고 스스로 융통성을 부여하면 큰 책임이 따른다. 군기가 바로잡힌 부대는 지휘관이 없어도 부대 운영이 한결같다.

막지동서(莫知東西).
동쪽과 서쪽을 분간 못 하는 어리석은 사람을 뜻하는 말이다.

참모는 지휘관의 수족이다. 그림자처럼 곁에서 보좌하고 올바른 방향을 조언하는 역할을 해야 한다. 참모가 사리 분간을 못 하면 부대가 불행해진다. 🐢

경쟁심에 선을 넘지 마라
잘못된 선택은 화를 가져온다

마라톤 선수들은 긴 시간을 뛰기 위해 몸과 마음을 단련하여 42.195km를 뛴다. 평범한 사람들은 100m를 뛰어도 숨을 헐떡거린다. 저마다 체력에 한계가 있는 것처럼 개인의 역량도 모두 같을 수 없다.

동료의 역량을 넘어서기 위해 무리수를 두면 선을 넘게 된다. 위기감에 음해, 여론조성 등 선을 넘는 행동을 하면 동료의 몸과 마음을 해칠 수 있다. 불필요한 자존심 싸움은 결국 나에게도 짐이 된다.

작전장교는 새벽 별을 보고 출근하는 아침형 인간이었다. 성과에 집착하여 남과 비교당하는 것을 극도로 싫어했다. 어느 날 인사장교가 전입 왔고, 2개월 뒤부터 작전장교와 비교할 정도로 능력을 발휘했다. 작전장교는 위기감을 느꼈는지, "인사장교는 윗사람과 주말마다 같이 운동한다. 그러니 이쁨받지."라며 근거 없는 말을 하기 시작했다. 주변 사람들은 그 말에 솔깃했다. 작전장교는 탄력을 받아, "걔는 매일 술 먹고 다니는 방탕한 생활을 한다."라며 없는 말을 떠들고 다녔다. 이 말이 지휘관 귀에 들어갔고, 작전장교는 허위사실 유포로 불려 가 혼이 났다.

선의의 경쟁은 스포츠에서만 통하는 것이 아니다. 나와 유사한 업무를 하는 사람은 어디 가도 있고, 경쟁만 하며 살지는 않는다. 심리적 압박감 때문에 무리수를 던지면 그동안 쌓은 공도 무너지기 쉽다.

비아부화(飛蛾赴火).
나방이 불 속으로 날아간다는 뜻으로 '스스로 위험한 곳에 들어간다'는 의미의 고사성어다.

부대의 목표는 구성원의 경쟁이 아니다. 각자의 능력을 모아 전투력을 보존하여 전투에서 승리의 영광을 갖는 것이다. 잘못된 선택으로 모두의 질타를 받지 않도록 조심해야 한다. 🐢

자리를 찾아다니기보다 실력을 키워라
인맥을 동원하는 데도 한계가 있다

장기가 되면 진급을 위해 각종 보직을 거친다. 인사 절차에 의해 지원하고, 최종심의 후 배치가 된다. 첫 단추를 잘 끼우면 다음 자리도 수월하게 풀린다.

계급이 오를수록 경쟁은 치열해지고 근무 인연을 동원해 찾아가기도 한다. 물론 능력이 출중하면 큰 걱정 없이 풀리는 때도 있다.

진급이 잘되어 무사히 지휘관을 마친 후배가 있었다. 그 후배는 주요 자리를 수소문해서 알아볼 정도였다. 자리의 인지도가 식별되면 절차에 의해 지원하고 전화를 걸기 시작한다. "이번에 어디 지원했는데 선배님이 한번 도와주십시오."라며 부탁하고 그 자리에 보직된다. 하지만 매번 진급 발표자 명단에 이름은 없었다. 매년 그 후배는 같은 방식으로 자리를 옮겨 다녔지만, 업무를 잘하는 친구가 아니었다.

능력 부족과 부대의 보직 구도를 무시한 처사는 결국 본인에게 돌아온다. 자리가 좋아도 그만한 그릇이 되지 못하면 진급은 물 건너간다. 인간적인 면으로 감정을 호소하여 인맥을 쓰는 것도 한계가 있는 것이다.

좋은 자리에 앉은 유 대위가 그해 진급에 실패했다. 진급 발표 전, 다 된 것처럼 다음 자리를 찾고 다니며 으스댔다. 그 말이 지휘관에게 들어가 좋은 평가를 받지 못한 것이다.

맹자실장(盲者失杖).
앞이 보이지 않는 사람이 지팡이를 잃어 어렵게 됨을 말하는 고사성어다.

인맥을 동원하는 사람들로 인해 피해받는 인원들이 생긴다. 피해 인원들은 나를 평가할 때 좋은 얘기를 해주진 않을 것이다. 소문이 쌓이다 보면 부정적인 여론이 형성되고, 한계에 부딪혀 부러질 수 있다.

지팡이는 낡으면 구매할 수 있어도 사람은 그렇지 않다. 끊어진 인연을 다시 엮는 데는 많은 시간과 노력이 필요하다. 🏮

유언비어를 만들지 마라
그러다 오히려 내가 다친다

유언비어는 사실과 연관성이 없다고 밝혀지면 유포자가 곤욕을 치르게 된다. 정도가 심하면 처벌을 받고 많은 사람들이 등지는 불쌍한 인생이 될 수도 있다.

말을 능청스럽게 하는 인사담당관이 있었다. 대인관계도 넓어 소식통으로 불렸다. 어느 날 인사담당관은 후배들에게 이런 말을 했다. "A 하사가 보고도 없이 부대를 나갔다 왔대. 과장에게 발각되어 징계한다."라며 모두 조심하라 엄포했다. A 하사는 동기에게 이 소식을 접하고 "그런 일 없는데."라며 대수롭지 않게 넘어갔다. 다음 날 인사담당관은 점심을 먹고 후배들에게 말했다. "들은 말인데, A 하사가 과장 후배라 봐준대."라며 대단한 친구라고 떠들어댔다. 며칠 후 사실과 다른 소문에 대한 진상이 밝혀졌고, 이후 모든 간부가 인사담당관과 거리를 두기 시작했다.

폐쇄된 공간에서 거짓된 유언비어는 쉽게 믿어지고 눈덩이처럼 불어난다. 사실이 아니라 해도 사람들은 의심하는 것이다.

유언비어를 퍼트리는 것은 어리석은 행동이다. 사실 여부는 언젠가는 밝혀지고, 유포자가 선처를 받는다 해도 동료들 사이에서 불편한 존재로 남게 된다.

개과불린(改過不吝).

잘못을 뉘우치고 고친다는 뜻으로 '과실이 있으면 고치는 데 주저하지 말라'는 말이다.

유언비어가 들통났다면 곧바로 사과하는 것이 최선이다. 사실이 아니거나 왜곡한 것은 범죄에 해당한다.

강한 것이 능사가 아니다
뻣뻣하면 부러지기 쉽다

군인은 싸워 이기는 것에 대한 목표의식이 높아 강한 성격을 가진 사람이 인정받는 경우가 많다. 강한 이미지는 업무조정과 통제에 효과가 좋기 때문이다.

반면 주변 사람들의 호감은 포기해야 한다. 딱딱하고 권위적인 사람을 접하는 것은 공포 체험과 같다. 사람들에게 두려운 존재인 것이다.

잘 맞는 옷을 오래 입는 것처럼, 그 성향은 나를 대표하는 이미지가 된다.

업무를 딱 부러지게 하는 과장이 있었다. 상급자들은 항상 그의 업무성과를 높이 칭찬했다. 보직이 끝날 때면 상급자들은 이구동성으로 이런 말을 했다. "성격만 고치면 좋을 것 같다. 일을 잘해도 상급자를 불편하게 한다." 이런 말을 자주 듣다 보니 위기감이 들었지만 과장은 마땅한 방법을 찾지 못했다.

만약 주변에서 변화 요구를 자주 듣게 된다면 어떻게 해야 할까?

첫째, 이미지에 변화를 주고자 한다면 스스로 진단해 봐야 한다. 어떤 경우 화가 나고 무엇을 싫어하는지 종이에 적어 보라. 그리고 같은 상황에서 다른 방법으로 성공한 사람을 벤치마킹하라. 불편할 수도 있지만, 성공적인 방법에는 분명 이유가 있었을 것이다.

둘째, 노력하고 있다면 검증하지 말아야 한다. 오랜 시간 굳어 온 이미지를 쇄신하는 만큼 변화되는 시간도 오래 걸린다. 만족감을 얻기 위해 "내가 변화되고 있나?"를 상대방에게 묻지 마라. 그동안 쌓아 온 노력이 허사가 되고 가식적인 사람으로 인식될 수 있다. 사람들이 찾아오기 시작한다면 감사한 마음으로 차 한잔만 권해도 인심을 얻을 수 있다.

태강즉절(太剛則折).
너무 굳거나 뻣뻣하면 꺾어지기 쉽다는 말이다.

군인은 용맹스러운 맹장(猛將)이나 지혜로운 지장(智將)만 있는 것이 아니다. 올바른 마음과 인격을 갖춘 덕장(德將)도 있다. 🧧

나의 실무자를 챙겨라
어려움이 없는지 살펴야 한다

어시스트. 사전적 의미로 '득점할 수 있는 선수에게 패스를 해주는 선수'이다. 다시 말해 내가 어떤 일을 할 때 결정적인 도움을 주는 사람이라 할 수 있다.

참모인 나에게 어시스트해 주는 사람은 누구일까? 바로 내 옆에 있는 실무자이다. 일정을 확인하고 문서 초안을 작성하는 등 가까이서 나를 보좌한다.

하지만 반복적인 생활 속에 묻혀 실무자에게 무관심한 경우가 많다. 문제가 생기면 뒤늦게 조치하게 된다.

교육지원관은 과장 업무의 절반을 보좌하는 유능한 친구였다. 웃으면서 일을 도맡아서 처리하는 그를 과장은 신뢰하였다. 전술훈련 당일 준비태세가 발령되었는데 교육지원관이 출근하지 않았다. 이틀이 지나 근무지를 이탈한 교육지원관이 스스로 부대에 돌아왔다. 이미 처벌은 예상되었지만 과장은 이유가 궁금하여 물어보았다. "업무량이 많아 힘들었습니다. 최근 애인과 이별로 잠을 못 자 수면제를 복용하며 버텼습니다."

과장은 그동안 실무자와 진심 어린 대화를 하지 못했다. 업무적인 말밖에는.

실무자는 동시다발적인 일을 한다. 개인적인 것에 문제가 생기면 공적인 부분에 문제가 발생할 확률이 높아진다.

어려움을 표현하지 않는 실무자라고 '이상 없다'고 평가하면 안 된다. 평소 보지 못했던 약을 먹고 있거나 표정이 좋지 않다면 한번 물어보는 것이 좋다. 몇 번의 대화만으로도 현재 상태를 가늠해 볼 수 있다.

등하불명(燈下不明).

등잔 밑이 어둡다, 즉 '가까이 있는 것을 보지 못한다'는 말이다.

익숙해지면 무뎌져서 옆에 있는 사람을 잊고 지나치는 경우가 많다. 매일 보는 사람도 그날의 기상, 건강상태에 따라 감정 변화가 생길 수 있다. 옆에 있는 실무자와 감정을 주고받는 시간을 할애해 보자. 어려움이 없는지 때론 살펴보는 것도 참모의 역할 중 하나이다.

아프면 병원부터 가라
참다가 더 큰일을 당한다

아침에 잠을 잘 못 자고 일어나면 허리도 아프고 팔다리가 쑤신다. 잠만 자고 일어난 건데 오래된 침대 매트리스가 몸을 불편하게 한 것이다.

군생활도 오래 하다 보면 아픈 구석이 많이 생긴다. 장시간의 행정업무는 허리와 목에 디스크를 남기고, 스트레스는 장염으로 상처를 남긴다.

통증이 지속되면 병원에서 치료를 받기도 한다. 하지만 각종 훈련, 중요 보고서 작성 등으로 시간을 내기가 쉽지 않다. 디스크는 파스로, 장염은 죽을 먹어 가며 스스로 응급처방하며 임무를 수행해 간다.

오랜 업무로 얻은 병은 평생 안고 가는 고질병이 된다. 제때 치료해야 후회하지 않는다.

보급관은 군수업무에서 십수 년을 근무한 베테랑이었다. 업무는 매일 전산으로 처리하고 퇴근해야 만족하는 성격이었다. 불규칙적인 식사는 그의 일상이었고 항상 속이 쓰리다며 배를 쓸어내리곤 했다. 담당관은 정기 신체검사 기간에 병원에 갔다. 이왕 간 거 내시경도 했다. 담당 의사는 "위암이 의심된다. 종합병원 진료를 받아 보는 게 좋겠다."라고 통보했다. 이후 종합검진을 받은 결과 위암 3기로 판정받았다.

병원 갈 시간이 없을 정도로 바쁘다는 것은 핑계다. 밥 먹고 회식할 시간도 있는데 치료받을 시간이 없겠는가? 과거엔 휴가나 병원에 갈 때 상급자의 눈치를 보기도 했지만, 지금은 그런 지휘관이 없다. 아프면 병원부터 가고 의사의 소견대로 치료받는 것이 좋다. 입원 치료가 진급, 보직에 영향을 줄까만 생각하지 마라. 여유가 생길 때 가서 치료하려 했다가 뒤늦은 후회만 남을 수 있다.

노이무공(勞而無功).
큰 노력을 했어도 애쓴 보람이 없다는 뜻의 고사성어다.

부대를 위해 나의 능력을 계속 발휘하려면 몸을 우선 돌보는 것이 현명하다. 악성 질병은 결국 군생활을 못 하게 만들 수도 있다. 🍵

옷차림을 깔끔하게 하라
군인의 품격을 떨어트리지 마라

정장 차림의 신사 숙녀. 어디에 가도 환영받는 옷차림이다. 반면 숙연한 자리에 청바지 차림에 장신구를 달고 나타난다면? 사람들은 힐금힐금 쳐다볼 것이다. 자리에 맞지 않는 옷차림에 사람들이 반응하는 것이다.

나의 가치관으로 어떤 옷을 입든 상관없다. 하지만 때와 장소를 고려하는 이유는 상대를 배려하기 때문이다. 잘 입는다는 것은 비싼 옷을 사 입으라는 의미가 아니다. 상대방을 고려하는 옷차림을 준비하라는 것이다.

옷장에 전투복만 진열하지 말고 사람들과 어울리는 옷가지를 가져 보자. 정갈하게 갖춰 입는 것은 공인으로서 필요한 행동이다.

퇴근하면 운동복만 입고 다니는 부소대장이 있었다. 심지어 한 가지만 입어서 지나치게 알뜰한 사람이라는 인상을 주었다. 어느 날 부대에서 외부 초청 행사에 불려 가게 되었다. 참석자들은 부소대장의 평소 복장 때문에 걱정했다. 약속 시각이 되어 부소대장이 나타났다. 멋진 슈트를 차려입고서.

이후 몇 번의 행사가 있었고 부소대장은 그때마다 드레스 코드에 맞춰 입고 나타났다. 알고 보니 그는 귀찮아서 대충 입었을 뿐 옷을 잘 입는 사람이었다.

군인은 전투복도 잘 입어야 한다. 행사, 근무 등 사시사철 입는 전투복을 대충 입으면 품격을 떨어트릴 수 있다. 오물이 묻으면 털어내고, 오래 입었다면 잘 빨아서 새로운 하루를 시작하자. 그런 내 모습에서 부하는 자신을 돌아볼 수 있다.

'옷이 날개다'라는 말도 있다.

입은 옷이 좋으면 달라 보인다. 때와 장소에 맞는 옷차림으로 상대방을 편하게 하는 당당한 군인이 좋지 않은가? 😄

영리행위를 하지 마라
돈 벌려고 군대 온 것이 아니다

영리행위란 '재산상의 이익을 도모하는 활동'을 말한다. 이는 국익
에 상반되거나 불명예를 끼칠 수 있어 군인은 할 수 없도록 금지하
고 있다.

부당한 영리행위에 해당하는 행동에는 무엇이 있을까?

개인이 안정적인 수입을 취하기 위해 본인 명의의 영리사업을 하
는 경우가 해당한다. 예를 들어 식당이나 카페를 운영하는 것이다.
또한 사기업의 임원으로 있거나 업무에 연관된 기업에 직접 투자하
는 것도 영리행위이다. 돈을 벌기 위한 수단으로 사회에서는 흔한
일이지만 군에서는 할 수 없다.

과장은 군수업무의 전문가였다. 기업을 상대한 대외업무가 많아
출장도 잦았다. 어느 날 과장 주관으로 회식을 했다.

"A 기업에서 감사를 해달라 해서 허락했다. 사례를 매달 받아 회식

비용을 낸다.”

과장은 이렇게 자랑하고, 과원들은 축하한다며 배부르게 먹고 회식을 마쳤다. 이후 과장은 계약 관련하여 A 기업 제품을 우선 사용하게 했다. 실무자들도 제품에 하자가 없다며 흔쾌히 수용했다.

그러나 과장과 A 기업과의 관계는 오래가지 못했다. 상급부대 감사에서 영리행위와 금품수수 혐의로 조사를 받았다. 이후 소식을 들어 보니 불명예스럽게 전역을 했다고 한다.

영리행위는 기업과 유착될 수 있는 여지를 남길 수 있어 할 수 없게 되어 있다. 잘못된 관계는 제품의 질이 떨어져도 특정 제품을 사도록 유도한다. 결국, 그 피해는 장병들에게 고스란히 돌아갈 수 있다.

안분지족(安分知足).
'편안한 마음으로 제 분수를 지키며 만족함을 안다'는 말이다.

군인은 돈을 벌기 위해 군대에 온 것이 아니다. 국민의 재산과 생명을 보호하여 나라를 지키는 것이 본분이다.

엄격히 금지된 영리행위는 적발되면 규정대로 처벌받는다. 변명의 여지가 없는 것이다. 🏮

시기적절한 업무를 찾자
성과를 낼 때도 상황판단을 잘해서

농부는 뿌려 놓은 씨앗에 물을 주고 키우면서 적당한 계절이 오면 수확을 한다. 매년 반복되는 행동이지만 그해 강수량 등 변수도 고려해야 한다. 수확된 작물은 집판장에 모아 가격을 책정하여 최종적으로 소비자에게 간다.

군대 업무도 농사짓는 것처럼 적당한 시기가 되면 성과를 내야 한다. 남들과 차별화되기 위해 시기적절한 업무를 발굴하기도 한다.

성과를 낼 시기적절한 업무는 가장 가까운 데서 찾으면 된다. 바로 상급자의 관심사항에 하나를 더 하면 되는 것이다.

대대장이 지원장교에게 보급품 지급 기준에 관한 간부교육을 지시하였다. 지원장교는 관련 규정을 PPT로 정리하여 교육 준비를 했다. 교육 준비를 위해 연습하던 중 최근 전입 온 소대장들과 마주쳤다. 연습 삼아 그들에게 교육자료를 설명해 보았다. 몇 명의 소대장이 "솔직히 무슨 말인지 잘 모르겠다."라며 돌아갔다. 지원장교는 이 점을 고려하여 휴대용 보급품 관리수첩을 만들었다. 대대장은 지원장교의 노력에 칭찬을 아끼지 않았다.

그러나 만약 상급자가 명확히 하나만 하라는 경우라면, 그에 따라야 한다. 규정, 부대 사정, 상급부대와 관계 등을 고려한 지시에는 이유가 있을 것이다. 지휘관은 참모가 알 수 없는 다양한 정보를 통해 업무를 지시한 것이다.

한때 지역상권을 살리기 위해 점심을 영외에서 한 적이 있었다. 만약 코로나 유행 기간 눈치 없게 시행했다면 많은 질타를 받았을 것이다.

취사선택(取捨選擇).
가질 것인지 버릴 것인지 선택해서 결정하라는 말이다.

시기적절한 업무는 먼 곳에 있지 않다. 가까운 곳에서 찾아 선택한다면 쉽게 접근할 수 있을 것이다. 🈺

상급부대 참모와 소통하라
어려움이 쉽게 해결된다

참모의 일상 업무는 전화, 문서를 통해 대부분 처리된다. 좋은 성과를 내기 위해서 상대의 취향을 파악해 준비하기도 한다. 이 경우 장기간 노력이 필요하다.

정보력에 한계가 있다면 업무 계선을 통해 방법을 찾아보는 것이 좋다. 장시간 동안 노력을 낭비하지 않아도 되며, 정보의 신뢰성이 높기 때문이다.

과거 대대장을 지냈던 참모가 2주 뒤 방문하게 되었다. 상급부대 참모로 있는 분이라 신경 써야 할 부분이 많았다. 과장은 지휘관에게 준비사항을 보고하면서 노트 한 권을 펼쳤다.

"○○ 참모님은 몇 년 전 대대장을 지내면서 ○○지역 취약지역을 보완하셨습니다. 예산 부족으로 일부만 보완되어, 이 지역에 대한 예산을 건의하면 좋을 것 같습니다."

과장이 이렇게 보고하자 지휘관이 말했다.

"좋은 생각이다. 반영해서 준비하자."

현장을 둘러본 참모는 ○○지역 보강 예산을 검토할 것을 약속했다. 과장이 상급부대 참모를 통해 방문자 인적사항을 사전에 파악해 둔 것이 도움이 된 것이다.

상급부대 참모는 나의 절대적인 조력자가 돼야 한다. 업무의 편의성과 부대 일정을 조율하고 도움받는 데 영향이 크기 때문이다.

이런 관계를 유지하기 위해서 아침 통화는 필수이다. 출근해서 업무를 파악할 때 상급부대 참모와 통화를 해보라. 밤사이 바뀐 것과 차상급 지휘관의 지시사항도 알아볼 수 있다. 이는 내 지휘관의 지휘 활동에 도움을 줄 수 있다.

경당문노(耕當問奴).

농사짓는 일은 머슴에게 물어야 한다는 뜻으로, '모르는 일은 잘 아는 사람에게 묻는 것이 좋다'라는 의미의 말이다.

참모 업무는 지휘관 의도에 맞춰 기본 방향이 정해진다. 정해진 방향이 식별되면 부대가 할 수 있는 범위에서 보조를 맞춰 가야 한다.

때론 어려움에 봉착할 수 있다. 하지만 상·하급 부서 간 대화를 자주 하면 해결 못 할 일은 없을 것이다. 🐢

의견을 굽히는 것도 필요하다

주위와 보조를 맞춰라

연예인 중에 '들이대'라는 말을 유행시켜 많은 팬을 확보한 가수가 떠오른다. 그때는 유머러스한 단어로 친구와 자주 썼던 기억이 난다.

업무를 하다 보면 성격 탓이나 의견이 달라 상급자에게 '들이대'는 모습을 종종 본다. 모든 상황을 검토한 후라면 나의 의견을 굽히는 것이 쉬운 일이 아니다. 하지만 추진 경과가 좋아도, 결과적으로 개운하지 않은 경우가 많다.

대대장에게 강인한 인상을 남기고 싶은 인사장교가 있었다. 그는 업무활동을 매일 PPT로 작성하여 보고했고 칭찬을 받았다. 그것을 본 과장은 "이렇게까지 하면 인접 참모들이 피곤해진다. 다음부터는 하지 마라."라고 지시했다.

평정 시기가 다가온 3월, 인사장교는 대대장에게 동영상을 가미해 보고했다. 그러자 대대장이 급기야 화를 내고 돌아갔다.

"그만해라. 과장은 내가 말 안 한다고 계속 내버려 둘 거냐!"

대대장은 몇 차례 의욕으로 받아 줬지만 불필요한 보고 행태를 참을 수 없었던 것이다. 과장이 인사장교에게 충고했다.

"뭐든 적당히 해라. 주변도 돌아보고 상급자가 하지 말라 할 때는 멈추는 것이 좋다."

상급자는 불협화음을 좋아하지 않는다. 주변 동료와 협업을 통해 부대가 올바른 방향으로 나아가도록 하는 것을 선호한다. 나만 잘났다고 업무를 피력하는 행동은 지휘관에게 좋은 인상을 남기지 않는다. 협조하려는 노력이 부족한 참모로 받아들여지기 쉽다.

당랑거철(螳螂拒轍).

사마귀가 앞발을 들고 수레를 멈추려 했다는 뜻으로, '분수도 모르고 무모하게 덤비는 것'을 비유적으로 말한 고사성어다.

'들이대'려면 결과에 반드시 책임져야 하고, 회사로 치면 사표를 던지는 행위와 같다는 것을 명심해야 할 것이다. 🍵

인접 참모의 도움에 감사하라
기본적인 예의를 지키자

업무를 추진하다 보면 답답한 상황에 직면하는 경우가 많다. 그럴 때는 모든 수단을 동원해서 해결하고자 노력한다. 이때 만약 동료의 도움을 받았다면, 이후 관계가 무엇보다 중요하다.

그 첫 단추는 도움에 대해 감사한 마음을 전하는 것이다. 상하 관계라도 인간적인 측면의 도덕성을 잊어서는 안 된다. 감사한 마음을 매번 잊게 되면 동료의 관심에서 멀어질 수 있다.

업무를 뒤늦게 처리하고 남의 것을 잘 도용하는 선배가 있었다. 협조할 때도 자기 말만 하고 끊는 사람이었다. 상급부대에서 ○○ 추진계획을 보고하라는 지시가 내려왔다. 선배는 평소처럼 인접 부대에 전화를 걸어 "야! 너희 부대 보고서 좀 보내 봐."라는 말만 하고 끊었다. 참다못한 각 부대 실무자들은 "보내는 자료를 엉성하게 작성해 보내 줍시다."라며 의견을 모았다. 이틀 뒤 발표 자리에서 선배 지휘관은 엉뚱한 내용의 보고서를 발표했다. 상급지휘관은 준비를 소홀히 한 그에게 엄중히 경고했다.

계급과 직책만으로 모든 상황을 해결할 수 있다 자만하지 말아야 한다. 반복되는 불손한 행동은 다음을 보장할 수 없다. 감사하는 마음은 곧 신뢰관계와 연결되기 때문이다.

"감사합니다."라는 말을 입버릇처럼 달고 다니는 후배가 있었다. 처음엔 '뭐가 감사하지?'라는 생각이 들었다. 시간이 지날수록 부대원들이 "감사합니다."를 따라 했다. 그 에너지는 말을 함부로 하지 않는 긍정적인 효과를 발휘했다.

덕필유린(德必有隣).
덕이 있으면 반드시 이웃이 따른다는 고사성어다.

매일 보는 사람이라도 고마운 것은 말로 표현해 보자. 누군가에게 감사한 존재라는 것은 의미가 크다. 🐢

모르면 주위의 도움을 받자
먼저 다가가서 물어라

처음 하는 참모 업무는 규정과 절차만으로 수월하게 진행되지 않는다. 선배, 인접 부대 담당자를 통해 도움을 받기도 한다. 나보다 경험 많은 사람이 아이디어가 많기 때문이다. 머리가 비상해도 경험을 무시할 수는 없는 것이다.

여단에서 부대별 '실전적인 훈련장 조성을 위한 방법을 제시하라'라는 계획이 하달되었다. 1개월 남짓 된 담당관은 현장을 둘러봐도 마땅한 계획을 수립하지 못하고 있었다. 과장이 "○대대 실무자에게 물어봐라. 얼마 전 훈련장을 정비했더라."라며 팁을 주었다. 교육장교는 해당 부대를 방문하여 훈련장을 보고 돌아와 그때부터 계획을 수립해 나갔다. 이후 도움을 준 실무자와 인연이 되어 안정적인 참모 업무를 수행하는 데 많은 도움을 받게 되었다.

부대 외에도 마음이 통하면 처음 만난 사람이라도 도움을 주는 경우가 있다. 자체적으로 해결하기 어려울 때 지자체의 도움을 받아 해결하기도 한다. 물론 지인을 통해 문제를 해결할 수도 있다. 업무와 관련이 없더라도 폭넓은 인맥은 때론 가뭄의 단비가 되기도 한다.

오지랖 넓은 과장이 있었다. 그의 책상에는 명함이 가득했다. 한번은 도로 정비를 해야 하는데 당장 필요한 자재가 없어 본부 중대장이 어려움을 토로했다. 과장은 명함을 뒤적여 어딘가 전화를 했다. 다음 날, 시멘트 공장 차량이 들어와 도로를 포장하고 갔다.

동주상구(同舟相救).
같은 배를 탄 사람들끼리 서로 돕는다는 뜻으로, '처지가 같으면 아는 사람이나 모르는 사람이 서로 도움을 준다'는 고사성어다.

군생활을 하면 참모 업무는 누구나 거치는 과정이다. 모르는 것에 겁내지 마라. 그럴 때는 가까이 있는 사람에게 도움을 청하면 된다.

기업과 협약 시 상대를 파악하라
기업은 실리가 우선이다

부대가 장병 복지를 위해 외부 업체와 업무협약을 할 때가 있다. 업무협약 시 부대는 정부기관이라는 특성을 고려하여 신중하게 일을 추진한다. 사회와 달리 금전적인 이득을 취하지 않아 구속력은 다소 떨어질 수 있다.

협약을 위한 사전미팅은 매우 중요하다. 안면을 트는 자리이면서 협약에 대한 방향도 주고받기 때문이다. 제대로 준비를 하지 않으면 실수하는 경우가 있다. 잘못되기라도 하면 오해가 생길 수 있어 주의해야 한다.

주변 사람들로부터 인정 많고 지식이 풍부하다는 말을 듣는 선배가 있었다. 사람 만나는 것을 좋아하는 방랑식객 같은 사람이었다. 어느 날 기업 대표와 협약을 위한 자리에 계획장교와 함께 가게 되었다. 가벼운 인사로 미팅은 시작되었지만, 시간이 흐르면서 대표의 표정은 어두워졌다. 대표는 기업 가치와 부대에 관한 정보를 토대로 대화를 하는데 선배는 취미생활로 대화를 전환했다. 30분 동안 협약에 관한 방향을 정하지 못한 대표는 자리를 끝내고 싶어 했다. 그 선배가 잠시 자리를 비운 사이, 대표가 계획장교와 이야기를 나눴다. 계획장교는 사전에 파악한 기업 정보를 토대로 대화를 풀어 갔다. 다행히 대화가 잘 진행되어 최종 협약 일자를 확답받고 자리는 마무리되었다.

기업은 실리를 추구한다. 협약의 본론을 끌어내지 못하면 상대의 시간과 돈을 빼앗는 것이 된다. 나의 10분이 상대에게는 10만 원이 될 수 있다.

미국의 사업가인 워런 버핏과 점심을 함께하는 경매금액이 200억에 낙찰되었다고 한다. 그 사람의 시간은 억 소리 나는 금쪽같은 시간인 것이다.

기업과 업무협약 시 어떤 것에 주의해야 할까?

우선, 기업의 특성을 파악하고 대화에 임해야 한다. 무슨 일을 하는지 알아야 상대방과 대화가 쉽게 풀린다. 만약 협의 내용을 준비 못 했다면 미팅을 하지 않는 것이 좋다. 준비성 부족은 상대를 무시하는 인상을 남길 수 있다.

또한, 중책의 중간관리자라도 경험 많은 실무자를 동행하는 것이 좋다. 관리자와 협상 전문가의 역할은 다른 것이다.

현장에서 답을 낼 수 없다면 협의 일정을 연기하여 여운을 남겨두는 것이 좋다. 군인에게 명예가 중요한 것처럼 기업은 시간과 돈이 중요하다.

물경소사(勿輕小事).
작은 일도 가볍게 여기지 말라는 뜻이다.

상대방의 입장을 헤아리고 상호 목적이 분명하면 업무협약은 어렵지 않다. 🍵

경계작전에는 융통성이 없다
규정을 반드시 지켜라

경계부대는 다른 부대보다 피로도가 높다. 낮과 밤이 바뀌는 생활 방식과 일정한 공간에서만 행동해야 하기 때문이다. 때론 걸음걸이만 잘못해도 지뢰를 밟는 사고로 이어질 수 있다.

이 때문에 규정 준수에 대한 도덕성이 매우 엄격하다. 행동반경, 상황발생 시 조치하는 과정도 구체적으로 제시되어 있다. 이를 어기면 규정에 따라 처벌을 받아, 필요한 것은 모두 숙지해야 한다.

하지만 오랜 경계작전 근무는 사람을 매너리즘에 빠지게 한다. '어제 별일 없었으니 오늘도 별일 없을 것'이라고.

이로 인해 개인적인 일탈을 하는 일이 발생되기도 한다. 술을 반입하여 마시는 등 승인되지 않는 돌발행동을 하는 것이다.

경계부대에 근무하는 정보장교가 일요일 오전에 관내에서 동기의 결혼식 사회를 보게 되었다. 1시간 이내 거리라 잠깐 동안 다녀오

려고 휴가를 내지 않았다. 늦은 오후 소초에서 미상 물체가 나타났다고 긴급하게 보고되었다. 대대장은 위기조치반을 소집시켰다. 소초에서 2차 보고가 들어왔고, 미상 물체는 백기를 든 귀순자로 보고되었다. 정보분석조 출동이 시급했지만 정보장교가 연락되지 않았다. 상황종료 후 정보장교는 근무지 이탈로 징계위원회에 회부되었다.

경계작전 부대에서 본인이 규정을 몰라 일탈하는 경우는 없다. '걸리지 않으면 괜찮겠지?'라는 자기합리화로 상황을 외면하는 것이다. 반복된 규정 위반이 적발되지 않으면 더 큰 위반행위로 이어질 수 있어 주의해야 한다.

거안사위(居安思危).
평안할 때도 위태로울 때의 일을 생각하라는 고사성어다.

경계작전 시 '아무 일 없겠지.'라고 상황을 해석하고 규정을 어기면 그 대가가 크다. 국가안보와 직결된 작전 실패는 국민의 재산과 생명도 빼앗을 수 있기 때문이다. 🐢

참모 자리의 무게
책임과 권한을 분명히

조직생활에서는 책임과 권한을 나눌 수 없으며 계급이 높을수록 책임감은 더 요구된다. 지휘관의 경우는 임무완수와 부대원들을 무탈하게 전역시키는 것이라면, 참모의 경우는 자신의 업무를 책임지는 것이다.

책임은 계급이 오를수록 무거워진다. 잘못된 언행으로 자신의 위치가 좁아지기도 해서 어떤 경우 상황을 외면하기도 한다. 그러나 불편한 자리를 일시적으로 피한다고 책임이 없어지진 않는다. 군생활 경험이 많은 상급자나 그보다 부족한 부하들도 책임 회피 간부를 잘 알고 있기 때문이다.

권한은 법령과 각종 규정에 정의되어 있다. 잘못된 권한은 갑질, 직권남용이라는 불명예를 낳는다. 부지불식간에 벌어진 일이라 해명할 수도 없다. 다수가 상식적으로 이해 못 하면 권한 밖의 일을 하고 있다 보면 된다.

어느 날 대대장이 과장에게 지시했다. "교보재 추가보급을 위해 상급부대 예산 획득 문서를 만들어라." 과장은 담당관에게 "보급 예산 외 추가항목을 포함해라."라고 지시하고 함께 보고를 들어갔다. 완벽하다고 생각했지만 대대장의 한마디에 분위기는 싸늘해졌다. "교보재 예산 외 작년에 건의한 예산 항목은 왜 들어갔어? 과장, 이게 무슨 말이냐?"

과장은 "실무자가 실수한 것 같습니다. 정정 보고하겠습니다."라고 말하고 황급히 대대장실을 나왔다. 점심이 지나고 주임원사가 담당관을 찾아왔다. "오전 일은 너의 잘못이 아닌 것을 대대장님이 알고 있다. 의기소침하지 마라."라며 응원하고 돌아갔다.

참모는 자신의 실무자가 실수를 해도 지도감독해야 하는 책임이 있다. 부하에 대한 책임은 지휘관에게만 있는 것이 아니라는 말이다.

월반지사(越畔之思).

자기 직무를 완수하고 남의 직권을 침범하지 않으려고 근신한다는 고사성어다.

맡은 바 책임을 다하고 부여된 권한을 행사하는 것은 군인의 공통사항이다. 🐢

Chapter 3

모든 게 처음인
초급간부

Note **1.**
지금부터 실전이다

임관 후 부대 전입 갔을 때

물어보고 배워라

초급교육을 마칠 무렵 자대 배치를 통보받는다. 동기들과 헤어져 전·후방 각지로 흩어질 시간이 다가온 것이다. 배치받은 부대를 통보받으면 막사가 들썩거린다. 여기저기 전화해서 가야 할 부대가 어떤 곳인지 알아보는 것이다.

교육을 수료하고 명령에 따라 며칠 안에 각자의 교통수단으로 부대를 찾아간다. 부대에 도착하면 신고를 하고, 지휘관과 참모들로부터 환영을 받는다. 군 간부로서 임무가 시작된 것이다. 처음 시작하는 군생활에 대해 모르는 것이 많은데 어떻게 해야 할까?

첫째, 부대 관련 사항들을 우선 파악하자.

동료를 통해 부대 특성, 각종 연락처 등 필요한 것은 메모하고 저장하는 것이다. 이때, 보안에 위반되는 현황을 기록하면 안 된다. 기념이라며 부대 시설을 촬영하는 행위도 금지다.

둘째, 당장 해야 할 일이 무엇인지 파악하자.

앞으로 닥칠 일이 무엇인지 알아야 대비할 수 있다. 전입 다음 날 전술훈련에 출동한다면 준비물도 확인해야 하는 경우가 있다.

> 김 소위는 부대 실습 동안 일정을 확인하던 중 전입 1주 뒤 중대 전술훈련이 있음을 확인하였다. 교육기관으로 돌아온 김 소위는 교범을 다시 보고 소대 임무를 되새기며 수료식 전까지 공부하였다.

셋째, 인사과와 정보과에 방문하여 제출해야 할 서류를 파악하고 준비하자. 신분증, 차량 보험증 및 등록증 등 부대에 제출할 서류들이다. 그래야 숙소가 배정되고 차량 출입이 편리해진다.

또한 각종 규정을 확인하여 실수하지 않는 것이 좋다. 경계부대의 경우 지침서를 숙지하여 정전협정을 위반하지 않아야 한다.

교학상장(敎學相長).

가르치고 배우면서 서로 성장한다는 말이다.

처음 시작하는 만큼 모르는 것도 많고 실수도 많기 마련이다. 모르면 물어보고 실수를 통해 경험을 쌓아 가면서 성장하면 된다. 급한 마음에 요령을 피우기보다 정도를 배워 나가는 것이 초급간부의 기본 자세다.

경계부대로 전입 갈 때
두려워 말고 자부심을 가져라

경계부대. 적과 대치하는 최전선을 밤낮으로 지키고 기습적인 사태에 대비하기 위해 군인들이 지키고 있는 곳이다. 일반 부대와 달리 민간인 통제구역에서 생활한다. 바깥세상과 담쌓고 지내는 것이다.

작전지역 주변은 미확인 지뢰지대가 많아 길이 아니면 절대 다니면 안 된다. 괜한 의욕에 아무 곳이나 들어갔다가는 큰 사고로 이어질 수 있다.

경계부대로 가게 되면 어떤 마음을 갖고 무엇을 준비해야 할까?

첫째, 자부심을 가지는 것이다.

군인 중 몇 퍼센트 안 되는 인원이 경계부대에서 근무한다. 적과 대치하는 최전선은 누구나 경험할 수 없다. 경계부대가 힘들고 어려워도 부대원과 끈끈한 정은 평생의 기억을 남긴다. 개인적으로는 장기지원이나 근무평가 점수를 높게 받아 이루고자 하는 것에 빨리 다가갈 수도 있다.

중대장은 경계부대 근무만 두 번째였다. 1소대장이 물었다.

"경계부대 힘드시지 않습니까?"

"힘들지. 그런데 함께 근무했던 전우들과 아직도 연락한다."

중대장은 이렇게 말하며 끈끈한 전우애를 과시했다.

둘째, 긴급 의약품을 챙겨 가자.

급할 때 사용할 수 있도록 챙겨 가란 소리다. 감기약, 소화제, 파스 등 내 몸에 잘 맞는 것이 필요할 때가 있다. '개똥도 약에 쓰려면 없다'라는 속담처럼 급할 때 필요한 약이 없다면 불편하다.

셋째, 계절성 피복을 미리 준비해야 한다.

여름에 전입 가도 겨울이 금방 온다. 긴 겨울은 때론 꽃 피는 봄에도 눈을 볼 수 있는 진풍경을 펼쳐 줄 것이다. 장갑, 귀마개, 목도리, 내복은 필수 품목이다. 멋 부리다간 감기 걸린다.

박 소위는 뜨거운 여름 소초장에 취임했다. 추운 겨울을 보내고 봄을 맞이했다. 일광소독을 하려 했지만, 그해 4월 아침은 눈이 내려 제설작업을 해야 했다.

넷째, 전임자에게 궁금한 것을 물어보자.

전임자는 1년 넘게 생활한 프로이다. 준비사항과 여건 등을 상세히 알아볼 수 있다. 부대원 신상도 일부 파악할 수 있어 지휘 방향을 결정하는 데 도움이 된다.

의욕에 넘친 후임자들은 작전계획과 적 상황 등을 미리 물어보기도 한다. 그러나 미리 알아 봐야 의미가 없다. 귀동냥보다 전입 가서 내가 파악하는 것이 빨리 이해된다. 전화 몇 번에 다 얻으려 하지 마라.

경궁지조(驚弓之鳥).

화살에 놀란 새라는 뜻으로 '어떤 일에 놀란 사람이 작은 일에도 겁을 낸다'는 고사성어다.

경계부대에서 근무하는 것에 대해 두려워할 필요가 없다. 그곳도 사람 사는 곳이다. 🌐

전입 신병이 왔을 때
반갑게 맞이하자

　간부도 부대에 전입 가면 모든 것이 낯설다. 다행히 지휘관부터 선배들의 세심한 도움은 자리를 잡아 가는 데 힘이 된다.

　전입 온 이등병은 군대 환경이 간부보다 훨씬 낯설다. 모든 사람이 자기보다 윗사람이라 말 한마디도 붙이기 어렵다. 이 같은 이등병을 말단 지휘관은 형처럼, 때론 부모처럼 관리해야 한다.

　전입 신병 관리는 어떻게 하는 것이 효율적이고 바람직할까?

　첫째, 면담을 통해 어떤 사람인지 알아 가야 한다.

　하루가 아무리 바빠도 신병은 전입 당일 면담한다. 면담할 때 어떻게 살아왔는지, 무슨 고민을 하고 있는지 파악한다. 절차상 해야 하는 면담처럼 대화하지 말고 권위 있는 대화체를 사용하지 않는 것이 좋다. 신상 파악이 끝나면 충성마트 등 부대 시설을 설명해 주자. 이곳저곳을 알려 주면 조기 적응에 도움이 된다.

선임 소대장 책상에는 사탕과 과자를 담아 놓은 쟁반이 있었다. 당 떨어질 때 먹나 싶었는데 부하들과 면담 시 먹는 다과였다. 커피 한잔과 함께.

둘째, 부모님과 통화를 한다.

자식을 군에 보낸 부모님들은 걱정이 많다. 통화할 때는 신병이 어떤 일을 하고, 언제 휴가 가는지 우선 알려 주는 것이 좋다. 또한 부대 주소와 직속 상급자가 누구인지 알려 줘 소통할 수 있도록 해야 한다. 부대 SNS가 있다면 함께 알려 드린다면 불안감 해소에 도움 될 수 있다.

셋째, 일정 기간이 지나면 적응을 잘하고 있는지 과학적인 도구를 활용해서 진단을 해보자. 스트레스 진단 등 다양한 프로그램으로 심리 상태를 알 수 있다. 지도 방향을 결정하는 데 도움 될 것이다.

노변담화(爐邊談話).
화롯가에서 주고받는 이야기를 가리키는 말이다.

나에게 사람이 오는 것은 매우 반가운 일이다. 신병에게 일상적인 생활 얘기로 가볍게 대화를 시작하라. 어려움은 없는지, 무엇을 하고 싶은지 인간적인 대화로 마음을 전해 보자. 😊

당직근무 임무수행할 때
할 일을 누락하지 마라

　당직근무는 군인이면 누구나 겪는 일이다. 일과 후 지휘관을 대신하여 밤새 잠을 자지 않고 부대를 지키는 것이다. 긴급상황이 발생하면 지휘관에게 보고하여 지휘 조치를 받아 상황을 전파하는 중요한 역할을 한다.

　당직근무는 순번에 의해 주말과 평일 근무로 나뉜다. 중대는 행정반에서, 대대는 지휘통제실에서 근무한다. 화장실, 식사 등 불가피하게 자리를 떠나더라도 당직사관이나 부관이 함께 떠날 수 없다. 아침에 지휘관에게 전·후임 근무자가 임무교대 신고하면 근무가 끝나게 된다.

　당직 근무자는 공통적으로 어떤 일을 할까?

　첫째, 부대 야간활동을 파악하여 조정 통제한다.

　야간훈련이 있으면 들어오고 나가는 시간, 인원과 장비 이상 유무를 확인해야 한다. 위병소 등 근무자 교대가 있으면 총기와 탄약을 내주는 역할도 한다. 매 시간 반복되는 일에 몸과 마음은 피곤해진다.

둘째, 점호를 주관한다.

잠들기 전, 기상 후 인원과 장비가 이상 없는지 철저하게 확인하는 중요한 시간이다. 하나라도 이상이 있다면 지휘 보고를 통해 조치해야 한다. 융통성을 발휘하여 확인과정을 누락해서는 안 된다.

> 1소대장은 아침 공기가 차가워 실내 점호를 취하였다. 모든 인원을 확인하는 것이 불편해 분대장들에게 구두로 이상 유무만 보고받고 마쳤다. 일과가 시작되고 개인화기 사격을 나가기 위해 중대가 집결했다. 이때, 부소대장이 다급하게 중대장에게 "소총 한 정이 없다."라고 보고했다. 출동은 중단되었고 대대장에게 보고 후 총기를 찾는 데 집중했다. 30분 정도 지나 잃어버린 소총을 휴게실에서 찾았다. 어젯밤 근무자가 교대 후 휴게실에 들렀다가 놓고 온 것이었다. 1소대장은 근무 태만으로 질책을 받았다.

셋째, 영내 순찰을 통해 이상 유무를 확인한다.

위병소와 탄약고, 울타리는 필수 순찰지역으로 상황조치 훈련도 해야 한다. 우발상황 발생 시 근무자가 당황하지 않고 조치할 수 있도록 하는 것이다.

계절에 따라서는 붕괴 우려 지역, 빙판길 등 취약지역도 순찰지역에 반드시 포함된다. 이 밖에도 화재 및 도난으로부터 부대 안전을 책임지는 만큼 활동영역이 매우 넓다.

이 많은 일을 어떻게 할 수 있나 걱정되지만 심각하게 고민할 것까진 없다. 모르면 선배들을 통해 당직근무에 대한 비결을 듣거나 동반 근무를 하면 된다. 친절한 선배를 만나면 시간대별로 무엇을 하는지 알려 주기도 한다. 또한 근무 관련 사항을 정리해 둔 문서가 있어 사전에 숙지하여 근무에 임하면 어려움은 줄어들 것이다.

고식지계(姑息之計).
당장 편한 것만 택하는 꾀나 일시적인 방편을 말하는 고사성어다.

당직근무는 결코 편안한 근무가 아니다. 권한보다 책임감이 큰 근무이다. 규정대로 하면 몸은 힘들지만, 하지 않아서 부대 전체가 시끄러워지는 것보다는 낫다. 🐵

보고서를 써야 할 때
작성 요령을 잘 배워 두자

보고서 작성은 간부라면 피해 갈 수 없는 일이다. 초급간부는 보고서 작성에 대한 기회가 많지 않다. 하지만 군생활을 계속해야 한다면 보고서 작성은 반드시 배워야 할 일이다.

보고서를 작성하라고 임무를 받았을 때 어떻게 해야 할까?

첫째, 어떤 유형의 보고서인지 먼저 결정하라. 실무자가 내용을 전달하고 협조하기 위한 문서라면 기안문이다. 효력을 발생시켜야 하는 문서라면 시행문이다. 시행문은 지휘관이 결재하면 예하부대가 시행해야 한다.

둘째, 보고서는 간결하고 함축적인 단어를 사용한다. 핵심 내용을 전달하기 위해 불필요한 단어를 줄이는 것이다. 익숙지 않은 상태에서는 단어를 줄이는 것이 어렵다. 기존 문서를 참고하거나 선배들을 통해 물어보고 방향을 잡는 것도 방법이 된다.

인사장교는 뉴스를 볼 때 단어들을 수첩에 기록하는 습관이 있었다. 왜 그러는지 주변에서 묻자 "종결어미 단어가 많아 보고서 작성에 도움이 된다."라는 것이었다.

셋째, 기안문도 지휘관 결정이 필요하면 결심형, 참고만 해도 되면 인지형으로 보고서를 작성한다. 결심형은 지휘관 결정사항이기 때문에 결재 칸을 만들고, 인지형은 내용만 정리하여 보고하면 된다.

공공기관의 모든 보고서는 전산시스템에 등록하게 되어 있다. 내가 작성한 문서는 결재가 되면 시스템에 등록해야 한다. 법적 효력을 갖는 것이다.

고진감래(苦盡甘來).

쓴 것 뒤에 단 것이 온다는 뜻으로 '고생 끝에 낙이 온다'는 고사성어다.

처음 작성하는 보고서에 상급자는 큰 기대를 하지 않는다. 자신도 그 일을 겪었기 때문에 애로사항을 잘 안다.

작성하는 동안은 힘들지만 보고서가 시행되면 가슴이 벅찰 것이다. 🏵

지휘활동비를 써야 할 때
목적에 맞게 써라

어깨에 견장을 부착한 지휘관에게 지휘활동비라는 것을 매월 지급한다. 지휘활동비는 지휘활동 보장과 부하의 사기를 북돋우려고 지급되는 예산이다. 공적인 금액이라 사적으로 사용할 수 없다는 말이다.

지휘활동비는 인원을 고려해서 지급되지만 그리 넉넉하지는 않다. 예산을 사용하는 만큼 사용근거도 명확히 기록해야 하며 점검도 받는다. 내 돈이라고 착각하여 사용하거나 목적과 다르게 쓰면 처벌을 감수해야 한다.

소대장은 사비로 부하들에게 식사와 다과를 자주 사 주는 다정한 사람이었다. 체육대회가 있던 날 사기를 올리기 위해 지휘활동비 절반으로 응원도구를 준비했다. 소대는 단결력이 좋아 종합 우승까지 했다. 소대장은 그날 저녁 분대장들과 외식하고 안전하게 복귀하도록 택시를 잡아 주었다. "택시비는 이 카드로 하고 내 책상에 올려놔."라고 말하며 부대로 태워 보냈다. 연말이 되어 사단에서 예산 점검이 나왔다. 소대장은 체육대회 응원도구 비용과 택시비 사용이 문제가 되어 처벌을 받아야 했다.

예산 사용의 투명성은 군에서 엄중하게 다루는 사안이다. 누구든지 공금을 잘못 집행하면 합당한 처벌을 감수해야 한다. 지휘활동비 사용에 대해 잘 모를 때는 부대 예산 담당 실무자에게 물어보는 것이 좋다. 사기 진작이라도 모든 것에 사용할 수는 없으니 잘 아는 사람에게 묻고 쓰는 것이다.

심사숙고(深思熟考).
깊이 생각하고 자세히 살펴보라는 말이다.

처음 써 보는 지휘활동비라면 과거 사용 기록을 살펴보고 예산 담당자에게 쓸 수 있는 범위를 알아보라. 써야 할 때는 그 목적에 맞는지 되짚어 보는 지혜가 필요하다. 🐢

5분 전투대기조 임무를 받았을 때

반복 숙달하라

5분 전투대기조(이하 5분 대기조)란 평소 전투준비를 위한 상태로 대기하고 있는 부대를 말한다. 상황이 발생하면 현장에 먼저 도착하여 원점을 보존하고 대응하기 위해 운용이 된다. 팀 단위로 운용되며 잠을 잘 때도 전투복을 입고 자는 팀이다.

5분 대기조 임무를 받았을 때는 어떻게 해야 할까?

첫째, 임무수행을 위한 상황조치 훈련을 매일 숙달해야 한다.

5분 대기조는 적 침투 흔적 보존, 수색 정찰 등 다양한 임무를 수행한다. 현장 대처 능력이 숙달되지 않으면 원점이 훼손되거나 다칠 수 있다. 반복되고 귀찮아도 임무수행을 위해 상황조치 훈련은 반드시 숙달한다.

둘째, 출동장비에 대한 이상 유무 상태를 확인해야 한다.

개인휴대 품목부터 탄약, 식량 등 챙겨야 할 것이 몇 가지 있다.

시기가 오래된 것은 교체하고 의약품은 부족하지 않은지 살펴봐야
한다.

> 2소대장은 대대에서 5분 대기조 출동상태 점검을 받았다. 상황조치
> 훈련도 잘했지만, 감시장비가 작동하지 않아 얼굴을 붉혀야 했다.

셋째, 작전지역이 손바닥 위에 있는 것처럼 익숙해야 한다.

출동 명령이 떨어졌는데 어디인지 모른다면? 생각만 해도 아찔할
것이다. 작전지역 지형 숙지는 임무수행 전 파악하는 것이 좋다. 평
소 작전지역을 돌아보거나 지도를 보며 지명을 숙지하면 도움이 될
것이다.

넷째, 완수신호(손으로 말을 전달)를 숙달해야 한다.

팀원 간 소통하기 위한 수단이자 적에게 노출되지 않도록 하기 위
한 행동이다. 경고부터 사격개시까지 몇 가지 동작으로 나와 팀을
보호할 수 있다.

자장격지(自將擊之).
스스로 거느리고 나아가 싸운다는 말이다.

5분 대기조는 초급간부라면 한 번쯤 겪는 임무이다. 상황이 발생
되면 출동부터 현장통제까지 팀장의 손에 달려 있다. 🔖

과학화전투훈련에 참가할 때
싸우는 방법대로 훈련하라

과학화전투훈련(이하 전투훈련)은 육군의 핵심 훈련 중 하나이다. 여단급 부대 전 인원이 훈련을 하는 것이다. 전문적인 대항군과의 훈련은 평소 부대에서 훈련했던 것과 차원이 다르다. '했다 치고'식 훈련이 아닌 실제 기상을 적용하고 산악에서 장비를 착용하고 훈련을 하는 것이다.

전투훈련에 참가하기 전 부대들은 훈련 준비를 한다. 개인훈련에서 전술훈련까지 누구도 열외 없이 전투기술을 숙달한다. 자체 마일즈 장비로 쌍방훈련도 하지만 전투훈련에 대한 두려움은 여전하다.

훈련에 참가하는 지휘관은 전투훈련을 어떻게 준비해야 할까를 고민하게 된다. 그동안 훈련했던 사람들에게서 나온 공통된 준비사항은 다음과 같다.

첫째, 주야 연속전투를 할 수 있는 체력을 준비해야 한다.

앞서 언급한 바와 같이 전투훈련은 실제 기상과 시간으로 훈련을 한다. 적이 밤낮으로 공격하면 막아야 하고 1000고지의 산을 넘어 이동도 해야 한다. 기초체력이 없다면 버티는 것은 무리인 것이다.

적의 공격에 중대는 부대 이동을 했다. 눈보라가 몰아치고 영하 15도까지 내려갔지만, 훈련은 중단되지 않았다. 이동한 후 전투는 지속되었다.

둘째, 잘 보고 잘 쏴야 한다.

개인화기 사격술이 숙달되지 않으면 적을 제압할 수 없다. 잘못된 총알은 아군을 맞추는 불상사를 낳기도 한다. 야간에는 더욱 어려움이 많다. 감시장비를 착용하여 사격하지만 여기저기서 울리는 총탄 소리는 판단력도 흐려지게 한다.

셋째, 적을 잘 찾아야 한다.

상대를 찾지 못하면 전투를 할 수 없다. 감시장비 등 모든 수단을 동원해 적을 찾기 위해 노력한다. 찾아낸 적은 개인화기부터 포병까지 화력을 동원해 제압한다. 하나, 둘 제압하면서 공격선을 넘어가고 마침내 목표까지 이르게 된다.

넷째, 부대원들과의 팀워크가 중요하다.

지휘관이 아무리 뛰어나도 팀워크가 없다면 앞으로 나아갈 수 없다. 악기상과 굶주림, 수면부족 상태에서 많은 공황이 발생한다. 평소 단결된 팀워크로 서로 독려하고 나누면서 전투현장을 지켜 내야 한다.

　부대에서 많은 훈련을 하면서 중대장은 단결활동을 병행했다. 팀, 소부대 단위 단결활동은 서로를 이해하는 데 좋은 시간이었다. 이렇게 쌓인 전우애는 전투현장에서 버티는 데 큰 힘이 되었다.

　초부득삼(初不得三).
　처음 실패한 것이 세 번째에 성공한다는 뜻으로 '무슨 일이든 노력하면 성공할 수 있다'는 고사성어다.

　싸우는 방법을 갈고 닦으면 언젠가는 성공한다. 전투기술을 몸에 익히고 전우와 팀워크만 있다면 전투훈련도 한번 해볼 만할 것이다. 🍵

화재에 대비해야 할 때
건조기엔 특히 주의하라

봄, 가을이면 많이 나오는 뉴스가 산불이다. 건조기에는 작은 불씨 하나가 가옥과 산천 토목을 태운다. 많은 인력이 동원돼도 화재 진압은 수 일에서 수십 일이 걸린다.

부대도 이 시기가 되면 각종 안전대책을 쏟아 낸다. 회의 시 화재 예방교육을 강화하고 당직 근무자는 순찰도 강화한다. 야외훈련에는 등짐펌프를 휴대하고 소화기 등 진압도구 작동상태도 확인한다.

이렇게 대비해도 화재는 발생한다. 부대에서 발생하는 화재는 어떻게 조치해야 할까?

교육훈련 간 화재 우려가 높은 것은 개인화기 사격이다. 특히, 사격장에서 불이 붙는 예광탄을 건조기에 사용해서는 안 된다. 예광탄은 발화 특성이 있어 비가 오는 날이나 다음 날 사용하는 것이 화재 예방에 도움이 된다.

지휘관은 건조주의보 발령에도 불구하고 사격을 했다. 사격이 끝날 무렵 남은 예광탄을 사격하고자 했다. 선임 소대장의 만류에도 사격은 시작되었고 첫 발을 쐈다. 피 융~. 지휘관은 "불이 안 붙는다."라며 계속할 것을 지시했다. 그때 피탄지에서 불이 났다. 화재 진압조가 투입되었고 다행히 불은 조기에 진화되었다.

영내 생활 중에는 담배 불씨나 전기 합선으로 인한 화재가 잦다. 개인 부주의에 의한 사고가 많은 것이다. 이를 예방하기 위해 퇴근 후 콘센트 전원을 끄고 퇴근을 한다. 흡연장 주변은 소화기를 설치해 주기적인 점검도 한다.

건조기엔 산불 진화를 위해 출동하는 경우가 종종 있다. 주의할 점은 어설픈 판단으로 안전대책을 세워서는 안 된다는 것이다. 예를 들어 '방독면을 쓰면 연기가 차단되지 않을까?' 하는 생각 등이다. 방독면은 생화학 무기에 대비한 것이다. 연기는 차단되지 않아 숨 막힐 수 있으니 절대 착용하면 안 된다.

꺼진 불도 다시 보자.
화재 예방을 강조할 때 가장 많이 썼던 말이다.

화재 발생은 개인 부주의에 의한 영향이 많다. 작은 관심만 가진다면 대형 화재로 확산되는 것을 막을 수 있다. 🌱

탄약고 및 무기고를 점검할 때
실셈과 현장확인이 원칙

지휘관이나 참모는 정기적으로 무기고와 탄약고를 점검해야 한다. 정기점검을 통해 수량과 안전관리 상태들을 확인하는 것이다. 번거로운 일이지만 하나씩 체크해 장부와 현물이 일치하는지 확인한다.

세부적인 절차를 살펴보자.

첫째, 탄약은 간부가 직접 실셈한다.

되도록 CCTV가 있는 곳을 선택하여 현장 상황이 녹화될 수 있도록 하는 것이 좋다. 봉인(밀봉한 자리에 도장을 찍음)된 탄약도 외형 손상 등으로 의심이 간다면 제거 후 실셈해야 한다. 귀찮아서 용사를 시키는 것은 규정을 위반하는 행동이다.

매주 하는 경계용 탄약 점검에 소대장은 시간이 없어 재산 일치 여부만 확인하고 끝냈다. 별일 없이 지나던 중 소대장은 군사경찰의 전화를 받았다. "공항에서 김 하사가 공포탄을 가지고 탑승하려다 적발됐다."라는 것이었다. 그 시간부로 탄약 전수조사에 들어갔다. 그 결과, 재산만 확인했던 그 주에 분실된 탄약이었다. 소대장은 징계위원회에 회부되었다.

둘째, 무기고는 보관된 총기를 우선 실셈한다.

이상이 없으면 주변 경계시설물이 정상 작동하는지 확인한다. CCTV, 자물쇠 등 기능 발휘가 불가능한 것은 교체해야 한다.

셋째, 탄약고 및 무기고 경계근무자 근무상태를 확인한다.

초소 내 통신장비, 비상벨, 휴대 탄약이 이상 없는지 확인하는 것이다. 경계근무자는 24시간 외부 침입에 대비하기 위한 근무자이다. 실제상황이 일어났을 때 제대로 작동되지 않으면 인명피해가 발생할 수 있다.

과실치사(過失致死).

과실로 사람을 죽이는 행위를 가리키는 말이다.

탄약고와 무기고에는 탄약과 총기가 보관되어 유사시를 대비하고 있다. 관리 소홀로 외부에 무단 반출되면 큰 화가 미친다. 반드시 실셈하고 현장을 살펴 문제가 발생하지 않도록 해야 한다. 🐷

외부에 자료를 제공할 때

보안성 검토를 받아라

    보안성 검토는 처음 접하는 사람에게는 생소한 용어다. 보안성 검토는 비밀을 제외한 군사자료를 군 외부에 제공할 때 부대의 허락을 받는 것이다. 부대 밖으로 제공되는 자료는 정보과에서 검토 후 문제가 없으면 외부로 제공된다. 현역 장병이 기고문, 국방 관련 서적들을 출판할 때도 이 절차를 밟아 해당 매체에 자료를 제공하는 것이다.

    '내 생각을 쓴 건데 무슨 문제냐?'라고 반문할 수 있다. 하지만 군 특수성을 생각해 보면 절차는 필요하다. 개인적 의견이 군을 대변하는 것처럼 와전될 수 있고 부지불식간에 비밀이 기록될 수 있기 때문이다. 이런 이유에서 사회적 물의를 일으킬 수 있는 것을 차단하도록 안전장치를 걸어 둔 것이다.

    부소대장은 석사학위를 취득하고 글 쓰는 것을 좋아했다. 일과 후 군사적 상황에 관한 내용을 작성하여 대학교 출판지에 기고하였다. 출판물이 발간되어 한 권 받아 보며 기쁜 마음에 동료들에게 자랑도 했다. 이틀 뒤 보안담당자가 찾아왔다. "외부 투고 보안성 검토 절차를 위반했다. 비밀 내용까지 있어 조사가 불가피하다."라며 통보했다. 조사 끝에 부소대장은 보안규정 위반으로 처벌을 받았다. 관련 규정을 한번 살펴봤어도 사전에 막을 수 있었던 일이었다.

군사비밀을 취급하는 군대는 외부 자료 제공에 까다로운 편이다. 통제를 벗어난 개인의 일탈행위가 국가안보에 영향을 줄 수 있기 때문이다.

자부작족(自斧斫足).
자기 도끼에 자기 발을 찍힌다는 고사성어다.

보안규정은 융통성이 없어 절차가 불편해도 지키는 것이 현명하다. 절차를 무시하면 반드시 본인에게 책임을 묻는다. 🔒

위문품을 받아야 할 때
심의를 통해 해결하라

　외부에서 장병 사기진작과 복지증진을 목적으로 위문품을 보내는 경우가 있다. 마스크, 음식물 등 매우 다양한 형태로 부대에 들어온다. 그러나 감사한 마음에 절차를 밟지 않고 부대로 가져올 수는 없다. 위문품은 접수 전 심사를 하는데, 심사에 통과하면 관리대장에 작성하여 사용 출처를 명확히 해야 한다.

　위문품을 접수하는 절차는 어떻게 진행될까?

　첫째, 위문품을 받는 부대는 사전에 소요를 파악하고 상급부대에 보고한다. 여기서 말하는 상급부대는 장군급 부대장을 말한다. 상급부대는 사용계획에 대한 심의를 통해 타당하면 해당 부대에 통보한다.

　위문품을 받을 때 기탁자가 "기부 영수증 처리를 해야 한다."라고 하면 사전에 상급부대에 알려야 한다. 기탁자가 세금혜택을 받을 수 있도록 조치하는 것이다.

지인이 부대로 손소독제를 기부하겠다는 의사를 표명했다. 인사 담당자는 기탁자, 품목, 용도 등을 공문으로 작성하여 보고하였다. 사단 심의 결과 사용 가능토록 통보를 받아 장병들에게 지급했다.

둘째, 위문품을 받으면 재산대장에 기록하여 관리해야 한다. 지 휘관이나 담당자 등이 개인적으로 사용할 수 없는 것이다. 만약 지 급된 품목이 최초 내역과 다르면 재심의해야 하니 이 점을 주의해야 한다.

견물생심(見物生心).
물건을 보면 가지고 싶은 욕심이 생긴다는 말이다.

부대 위문품은 개인적인 친분으로 기탁을 받아도 사용 목적은 공 적이다. 심의에 의한 결정, 분배, 재산관리는 차후 증빙자료로 사용 된다. 🥢

Note 2.
당황스러운 상황, 어떻게 하지?

억울하게 보직해임되었을 때
합당한 절차를 밟아 가라

불명예스럽게 자리에서 해임된 것을 보직해임이라 한다. 보직해임은 비위 사실이 있거나 어떤 일에 책임을 묻는 인사조치다.

해임이 되면 많은 사람이 등을 돌린다. '혹시 나까지 피해를 보지 않을까?' 하는 괜한 우려 때문이다. 악성 소문으로 가족들도 정신적인 피해를 받게 된다. 군생활 최악의 상황인 것이다.

보직해임 절차가 진행되면 당사자는 조사로 인해 정신없이 불려다닌다. '무슨 일이 있었나? 어떻게 수습할 것인가?'를 정리해 볼 여유가 없다. 자주 통화했던 동료들도 전화를 받지 않는다. 아무도 없는 망망대해에 혼자 있는 것이다.

부소대장은 공금횡령으로 보직해임되었다. 해명하기 위해 부대 담당관에게 관련 자료를 요청했다. "조사 중이라 줄 수 없다."라는 답변만 하였다. 행보관에게도 전화했지만 '부재중이라 받을 수 없다'라는 메시지만 왔다.

보직해임 결과가 몇 년이 지나 무죄로 판정되기도 한다. 결과가 좋아 보이지만 당사자는 긴 시간 지옥에서 살다 온 것이다. 잘잘못을 따져 보기 전에 해임된 당사자는 피눈물로 버틸 수밖에 없다.

억울하게 보직해임되지 않기 위해서는 어떤 절차를 따져 보는 것이 좋을까?

첫째, 방어권 보장을 위해 심의 연기를 요청한다. 심의 연기를 통해 해임 관련 경위를 따져 보고 자료를 수집하는 것이다. 수집한 자료는 비위 사실을 반박할 수 있는 증거자료로 차후 활용될 수 있다.

둘째, 심의 내용을 녹음하는 것이 좋다. 보직해임 심의가 진행되면 많은 사람 앞에 서게 된다. 두렵고 경직된 분위기이지만 심의 내용을 녹음해 두면 법정 다툼 시 증거가 된다. 만약 휴대폰을 가져가지 못하게 한다면 인권침해에 해당함을 인지시켜라.

셋째, 해명자료를 제출하는 것이다. 해명자료는 정보공개를 요청하여 받아 볼 수도 있다. 해임 1개월 이내 인사소청을 신청하면 해명할 기회를 확보할 수도 있다. 본인이 직접 할 수 있지만, 전문가를 통하면 공증자료로 쓸 수 있다.

넷째, 변호사를 선임하라. 변호사를 통해 사건의 처음과 끝을 맡기는 것이 좋다. 법률 대리인은 큰 힘이 된다. 변호사를 선임할 때는 군 출신인지 또는 금액 등을 고려하지 말자. 경험과 승률에 우선을 두고 선임하는 것이 좋다. 급한 마음에 선임하게 되면 중간에 변호사를 바꾸는 일이 생길 수 있다.

견인불발(堅忍不拔).
굳게 참고 견디어 마음을 빼앗기지 않는다는 의미다.

때로는 생각하지 못했던 사람이 대가 없이 도움을 주기도 한다. 마지막까지 응원하고 이겨 내는 데 도움을 준 사람이 있다면 잊지 말고 감사하자. 🐢

사망사고가 났을 때
상황보고와 현장보존

군에서 절대 발생하면 안 되는 것이 사망사고다. 훈련을 잘하고 능력이 좋은 간부라도 부하가 사망하면 모든 것이 의미가 없다. 과도한 부대운영을 하거나 병영 부조리를 식별 못 해 발생했다면 부대 책임을 져야 한다.

개인적인 사정으로 목숨을 끊기도 하지만 부하를 책임지는 간부는 그마저도 트라우마로 남는다.

사망사고가 나면 정신이 없어 조치과정이 막상 떠오르지 않는다. 상황을 보고하고 무엇을 해야 하는지 허둥대다 보면 놓치는 것이 많다. 부대 내에서 사망사고가 났을 때 어떻게 조치해야 할까?

첫째, 상황보고 시 육하원칙에 의해 현재 상황을 보고한다.

지휘계통으로 보고하면 상급부대 참모 계선별로 조치사항이 동시에 진행된다.

상황보고 시 유의할 사항은 사망원인에 대해 특정되는 단어를 사용하지 말아야 한다는 것이다. 예를 들어 "자살사고가 났습니다."라고 단정 짓지 말라는 것이다. 사망원인은 전문가들의 조사 후 밝혀진다. 보고할 때는 보이는 현상만 보고하는 것이다.

둘째, 수사기관이 도착하기 전까지 현장을 잘 보존해야 한다.

사망자의 상태를 보기 위해 시신을 만지는 행위나 그 밖의 행동을 하지 말라는 것이다. 잘못된 행동으로 원인규명의 방향이 달라질 수도 있다.

> 부대에 사망사고가 났다. 부소대장은 사망자 상태를 보기 위해 시신을 살펴보고 관물대를 뒤져 유서가 없는지 확인을 했다. 부소대장은 현장훼손으로 처벌을 받았다.

피장봉호(避獐逢虎).

노루를 피하려다 호랑이를 만난다는 뜻으로 '작은 해를 피하려다 큰 화가 닥친다'는 의미의 고사성어다.

지휘관 또는 관련 참모는 수사관이 아니다. 임의로 현장을 훼손하는 일이 없도록 주의해야 한다. 사망사고는 신속한 상황보고와 현장보존이 원칙이다. 🏵

괴롭힘을 당했을 때

고충처리 단계를 밟아라

사회에서 괴롭힘을 당하면 경찰에 신고하거나 고충 전문기관에 의뢰하여 조치를 받는다. 군은 괴롭힘에 대한 조치를 지휘계통을 통해 신고한다. 지휘계통은 1차 상급자(바로 위 상급자)부터 해당하며, 조치 여부에 따라 단계를 밟아 신고하게 되어 있다.

고충을 처리하고 싶을 때 어떻게 해야 할까?

첫째, 고충 사실을 1차 상급지휘관에게 면담, 이메일 등 가용수단으로 신고를 한다. 어떤 고충을 겪고 있는지 상세히 설명하여 조사가 이루어질 수 있도록 하는 것이다. 부대 자체적으로 해결할 수 있으면 지휘 조치를 통해 빠르게 해결된다.

둘째, 고충 사실을 지휘관이 조치해 주지 않을 때는 2차 상급지휘관에게 신고한다. 고충처리 단계를 밟아 가는 것이다. 고충을 제기했다고 불이익을 당하지는 않는다. 법과 규정으로 신고자에 대한 비밀을 지키게 되어 있다.

과장의 지속적인 폭언과 모욕적인 발언에 이 중위는 지휘계통으로 고충을 신고했다. 지휘관은 과장을 불러 언행에 대한 주의를 시키고 돌려보냈다. 이 중위는 과장에게 불려 가 질책을 받았다. 이 중위는 신변이 노출됨을 알게 되어 상급부대에 이 사실을 신고했다. 과장과 지휘관은 징계위원회에 회부되었다.

셋째, 지휘계통으로 조치되지 않으면 상급부대 감찰에 신고하면 된다. 장군급 부대에 조사를 담당하는 부서로 내부공익신고 업무도 담당한다. 신고자에 대한 비밀이 보장되며 지휘관인 장군의 명을 받아 고충처리가 진행된다.

이로동귀(異路同歸).
길은 다르지만 닿는 곳이 같다는 뜻으로 '방법은 다르지만 결과는 같다'라는 의미의 고사성어다.

지휘계통의 단계를 밟아 고충처리하는 이유는 지휘 조치로 가능한 것은 부대에서 해결하기 위한 것이다. 만약, 신변이 노출되거나 처리가 되지 않으면 조사기관에 신고하는 것도 하나의 방법이 된다.

고충처리 참고인이 되었을 때
사실만 말하면 된다

부대 생활하다 보면 크고 작은 송사에 휘말려 불려 다니기도 한다. 가해자나 피해자 등으로 불리며 조사를 받는 것이다. 때론 참고인이 될 수도 있다. 사건의 진실 여부를 따지기 위해 알고 있는 것을 질문받는 것이다.

조사가 시작되면 괜한 두려움에 "나만 괜찮으면 그만인데."라는 생각을 하게 된다. 하지만 보고 들었던 것을 말하지 않으면 피해자의 억울함이 그대로 묻힐 수도 있다.

책임을 회피하고 상습적으로 부하를 괴롭히는 A 간부가 있었다. 꼬투리 잡는 것은 기본이고 없는 말도 만들어 내는 악질 간부였다. 부소대장에게 동료들이 "이번 기회에 처벌받도록 하자."면서 너도 나도 힘을 보태겠다고 말했다. 얼마 후 상급부대에서 조사가 이루어졌고 많은 간부가 불려 다녔다. A 간부는 간부들을 붙잡고 "너의 지난 잘못을 알고 있지만 얘기하지 않겠다."라며 회유를 하고 다녔다. 조사 결과, 아주 작은 실수만 인정되어 결론을 맺었다. 부소대장은 동료들의 배신과 안일한 조사를 믿지 못해 상급부대에 신고했다. 그 결과 모든 간부가 다시 조사를 받고 처벌을 받아야 했다.

'손바닥으로 하늘을 가릴 수 없다'라는 속담이 있다. 거짓은 시간이 지나면 밝혀진다. 순간을 모면하기 위해 눈 감는다고 사실이 덮어지지 않는다. 겨울 눈 속에 묻힌 돌도 해가 비치면 드러나는 법이다.

세한송백(歲寒松柏).
소나무는 한겨울에도 변하지 않는다는 뜻으로 '역경에 처해도 의리가 변치 않음'을 말하는 고사성어다.

곤경에 처한 동료의 등에 비수를 꽂지 말아야 한다. 깨져 버린 신의는 다른 사람 눈에도 분명히 보인다. 한 번의 결정으로 동료와의 관계를 산산조각 낼 수 있음을 상기해야 한다. 🐢

공용화기 불발탄이 발생했을 때
교범에 나온 대로 조치하라

한때 군에서 유행했던 구호 중 '3성'이 있었다. 함성, 군가, 총성이다. 원기 왕성한 함성과 군가는 부대 내에서 언제든 들을 수 있다. 반면, 총성은 교육훈련에 사격을 반영해야 들을 수 있는 소리다.

사격을 계획하면 이동, 탄약 불출, 안전대책 등을 꼼꼼히 따진 후 백발백중의 마음가짐을 갖고 사격장으로 이동한다.

도착하면 개인화기 사격도 하지만 박격포와 같은 공용화기 사격도 한다. 공용화기 사격은 소총 탄약과 달리 사격할 때 불발탄도 가끔 생겨 당황하게 만든다. 경험이 없다면 두려운 시간이다.

공용화기 사격 간 불발탄이 발생하면 어떻게 해야 할까?

첫째, 교범에 나와 있는 대로 안전조치를 취한다.

불발을 경고하고 폭발에 대비한 대기시간을 준수한 후 포탄을 제거한다. 또한 불발탄이 어떤 종류인지 파악해 둬야 한다. 일련번호

와 장약을 몇 호 사용했는지 확인하여 동일 탄약이 사용되지 않도록
하는 것이다.

　박격포 사격 간 불발탄이 발생되어 화기소대장은 상황보고를 하고
기다렸다. 중대장이 자리를 비운 사이 소대장은 "탄약이 몇 발 안
남았으니 사격하라." 지시했다. 첫 탄이 발사되었고 또다시 불발되
었다. 불발된 탄약은 처음 탄약과 동종 탄약이었다. 이후 상급부대
조사가 이루어졌고, 화기소대장은 징계위원회에 회부되었다.

　둘째, 절차를 준수했는데도 불발탄이 제거되지 않았다면 상급부
대에 전문요원 출동을 요청한다.
　정비반과 불발탄 처리반을 부르는 것이다. 전문요원들이 도착할
때까지 부대에서는 통제대책을 마련해야 한다. 불발탄 주변에 인원
이 접근하지 못하도록 하고 경계병을 배치한다.

유비무환(有備無患).
미리 준비하고 있으면 근심할 것이 없다는 고사성어다.

　불발탄이 처리되면 사격 시행 여부는 상급부대 통제에 따라 진행
한다. 그리 어려운 절차는 없다. 사전에 학습한 대로 절차만 잘 준수
하면 된다. 🏵

유류가 누출되었을 때
신속한 보고, 끝까지 확인

기름이 새고 있다. 계절로 따지면 겨울과 봄이 오기 직전에 발생할 확률이 높은 사고다. 유류 사고는 유류탱크 노후로 인한 파손이나 유류 게이지가 동파로 인해 새는 경우가 많다. 사고가 발생하면 환경에 심각한 피해를 주기 때문에 특별히 신경 써야 한다.

유류가 누출되었을 때 어떻게 조치하는 것이 좋을까?

첫째, 유류 사고 발생 즉시 지휘계통으로 보고를 해야 한다. 유류 사고는 토양, 식수 오염으로 번질 수 있기 때문이다. 군부대 특성상 부대 주변에 하천이 많아 식수 오염도 고려한다. 또한 유류가 흘러 들어갈 만한 곳을 확인해야 한다. 예를 들면 부대 정화조와 같은 시설이다.

막사 난방에 사용되었던 유류탱크 밸브에서 유류가 새어 나왔다.

긴급하게 상황을 보고하고 흡착포로 기름을 제거하였다. 부소대장은 안도의 한숨을 쉬며 퇴근했다. 다음 날 상급부대에서 전화가 왔다. 부대 옆 하천에 기름이 식별되어 민원이 제기된 것이다. 추적해 보니 누출된 유류가 하천까지 흘러 들어간 것이었다.

둘째, 부대에서 보유하고 있는 유류 흡착포를 활용하여 누유된 기름을 제거한다. 흡착포가 부족하다면 신문지를 이용하여 응급처치하는 것도 방법이다. 흡착포도 기름에 노출된 상태이기 때문에 한 곳에 잘 모아 둬야 한다.

셋째, 임시 저유조를 설치하여 남은 기름을 보관하도록 한다. 보관할 만한 시설이 없다면 상급부대나 인접 부대 등을 수소문하여 조치할 수 있다.

제궤의혈(堤潰蟻穴).

개미구멍으로 둑이 무너진다는 뜻으로 '작은 실수나 방심으로 재난을 당한다'는 고사성어다.

유류 사고는 사전에 대비만 잘하면 미리 예방할 수 있다. 노후화된 유류탱크는 교체하고 방유조(유류가 넘치지 않도록 만든 방호벽)는 수용용량이 기준치에 적합하도록 보수해야 한다. 이 밖에 유류 게이지와 밸브도 노후되었다면 난방 기간 전 교체하는 것이 좋다. 🏵

위문금을 나에게 별도로 줬을 때
심의 후 수령하라

장병복지를 위해 위문금을 부대에 기탁하는 사례가 많다. 적게는 수백에서 많게는 수천만 원을 부대에 기탁해 장병복지 향상에 사용되도록 한다.

기탁자가 부대를 방문하여 기부할 경우, 장군급 부대 참모에게 사실을 통보하여 심의한다. 심의가 통과되면 해당 금액이 부대 통장으로 입금된다.

가끔 기탁자가 기탁금을 부대 지휘관에게 직접 주는 경우가 있다. 기탁 금액이 소액일 경우 '얼마 안 되니 그냥 쓰라'며 주는 것이다. 하지만 소액이라도 위문금을 직접 받아 쓰면 규정 위반으로 처벌받을 수 있다.

위문금을 별도로 주었을 때는 어떻게 해야 할까?

첫째, 위문금 지급 사실을 상급부대에 보고하여 정상적인 절차를 밟아 처리한다. 군인은 위문금을 개인적으로 직접 받을 수 없다. 부대를 방문해서 현장에서 주려고 하면 절차를 설명하고 심의 후 사용되도록 해야 한다.

보급관은 군 관련 사업체를 운영하는 대표에게 위문금을 직접 받았다. 대표는 "몇 십만 원이라 얼마 안 된다."라면서 식사를 하며 건넸다. 보급관은 몇 달 뒤 업체 대표에게 받은 돈이 금품수수 혐의로 신고되어 조사를 받아야 했다.

둘째, 위문금은 누구에게 주는 것인지 지정해야 한다. 독지가가 장병복지 금액을 누구에게 줘야 할지 잘 모르는 경우가 많다. 그럴 때 우리 부대인지, 상급부대인지 수령자를 명확히 하여 위문금이 지정되도록 하는 것이다.

지강급미(舐糠及米).
겨를 핥다가 나중에는 쌀까지 먹는다는 뜻으로, '좋지 않은 일에 맛 들여 정도가 심해진다'는 고사성어.

공직자는 장병복지를 위해 개인적으로 돈을 받을 수 없다. 장병복지를 위한 기금이라면 정상적인 절차를 밟아 받는 것이다. 정상적인 절차를 밟지 않는 것은 금품수수로 뇌물에 해당한다. 🐢

작전업무 실무자로 보직되었을 때
세심하고 꼼꼼하게

    참모 중에서 가장 힘들다고 하는 자리가 작전업무를 하는 자리다. 과장을 보좌하여 작전계획 수립, 상황관리, 일정 등을 종합 관리한다. 하루가 언제 시작해서 끝나는지 모를 정도로 바쁜 자리이다. 대대급은 교육훈련 업무에 집중되어 있지만, 여단급 이상은 앞서 언급한 일들을 모두 하기에 실무참모 중에서 가장 비중도가 높다.

    작전업무 실무자로 임무를 부여받으면 어떻게 해야 할까?

    첫째, 작전계획을 머릿속에 모두 담아 둬야 한다.

    과장이 있기도 하지만 부재 시 작전실무자가 대리 업무를 해야 한다. 상급부대부터 예하부대까지 전투력을 어떻게 운용하는지 숙지해야 하는 것이다.

    전술훈련을 앞두고 부대가 출동하였다. 훈련 2일 차, 과장이 복통을 호소해 응급후송을 하였다. 대대장은 "현 시간부로 작전장교가 대리근무를 해라."라고 지시했다.

작전장교는 훈련을 마칠 때까지 주무 참모 역할을 했다. 후송 간 과장은 신장에 이상이 있어 돌아오지 않았다. 작전장교의 대리근무는 6개월 동안 지속되었다.

둘째, 작전지역을 파악해 둬야 한다.

작전지역 내 부대 위치, 각종 진지, 주요 시설 등은 전·평시에 필요한 현황들이다. 어디에 무엇이 있는지 알아야 전투 시 활용할 자원도 판단할 수 있다.

셋째, 부대 일정을 모두 알아야 한다.

인접 참모 주요 업무까지 종합하고 시간 등을 조율해야 하기 때문이다. 부서 간 협조가 필요한 것은 과장에게 보고하여 조정한다. 최종 정리가 되면 지휘관 결심을 받고 부대운영을 하달한다. 인접 참모와 협조가 많은 만큼 주변 사람과 관계를 잘 맺어 두는 것이 좋다.

복잡한 부대 일정과 확인해야 할 것이 많은 교육지원관은 노트를 한 권 만들었다. 노트에는 월간 일정표와 1일 단위 업무 목록을 기록했다. 필요한 것은 출력 후 부착하여 잊어버리지 않도록 했다.

넷째, 작성할 문서가 많아 시간적인 여유가 없다. 그날 처리할 수

있는 일은 처리하고 몇 주 후 일어날 일도 미리 초안을 준비하는 것
이 좋다.

  업무는 매일 쌓여 간다. 문서는 완벽하게 작성하기보다 개략적인
구성을 먼저 하고 상급자에게 보고하는 것이 좋다. 검토 과정에서
지침과 수정사항이 나오면 그때 완벽한 보고서를 만드는 것이 시간
절약에 도움 된다.

  전심전력(全心全力).
  온 마음과 온 힘을 기울인다는 말이다.

  작전업무 실무자는 가장 바쁜 만큼 인정도 받고 보람도 크다. 내
가 만든 문서 하나에 모든 부대가 움직이고 훈련을 한다. 하나를 하
더라도 엉덩이를 딱 붙이고 꼼꼼하게 일처리하는 자세가 필요하다.

정보업무 실무자로 보직되었을 때
정확한 정보로 말하라

정보업무는 참모 과장을 보좌하여 적 상황, 지형 정보, 군사보안 활동 등 적과 관련된 업무를 담당한다. 그러다 보니 모든 보고의 시작은 정보이다. 하루를 시작해도 기상을 보고하면서 부대에 미치는 영향까지 판단한다. 전·평시 정보에서 판단된 적 상황이 나와야 작전 활동도 진행된다.

정보업무 실무자로 임무를 부여받으면 어떻게 해야 할까?

첫째, 적에 대한 것을 모두 알아야 한다.

전시 우리와 대립하는 적은 누구이며 어떤 능력을 갖추었는지 머릿속에 담아 둬야 한다. 작전업무와 반대되는 처지인 것이다. 적 능력을 모르고 정보업무를 할 수 없다.

둘째, 작전지역 내 지형 변화에 민감해야 한다.

도로가 만들어지고 건물이 새로 들어서는 등 변화가 생기면 파악하는 것이다. 지형 변화는 전투 시 중요한 요소다. 도로가 생기면 차량 이동이 가능해 전투방법도 바뀔 수 있다.

전술훈련이 시작되고 3일 차가 되었다. 그동안 전투를 잘해 우리 부대의 승리가 확실했다.

수색소대장에게 무전이 왔다. "적 1개 소대가 차량으로 기동하여 아군 지역이 돌파되고 있다."라며 긴급하게 지원을 요청했다. 지휘관은 "차량이 올 길이 없는데 무슨 소리냐."라며 재차 물어봤다. 수색소대장은 "○○고지에 작은 길이 새로 생겨 그쪽에서 나타났다."라고 답했다. 평소 지형정찰을 하지 않았던 정보실무자는 얼굴을 들지 못했다.

셋째, 군사보안 활동에 대한 계획을 수립해야 한다.

1년 동안 부대가 완벽한 보안태세를 유지하기 위해 어떻게 할 것인가에 대한 지침이다. 문서 관리부터 시설물 경계대책 등 다양한 사항을 포함하여 예하부대까지 전파하고 확인점검도 한다. 군사보안은 평시에 중요한 업무 중 하나이다.

초목개병(草木皆兵).

풀과 나무가 적으로 보인다는 뜻으로 '적이 우세하여 겁을 먹는다'는 고사성어다.

정보업무 실무자의 판단에 따라 전투 시 아군 전투력 운용방법이 결정된다. 첩보가 획득되면 정확한 정보인지 따져 보는 심사숙고의 자세가 필요하다. 🍵

인사업무 실무자로 보직되었을 때

멀리 보고 일하라

인사업무는 참모 과장을 보좌하여 보직, 사기 및 복지, 안전관리 등 전 장병의 인사를 다루는 업무를 한다. 업무영역도 광범위하여 하루를 가장 바쁘게 살아가는 자리라 해도 과언이 아니다. 상급부대로 갈수록 실무 영역은 명확하게 구분되어 일하게 된다.

인사업무 실무자로 임무를 부여받으면 어떻게 해야 할까?

첫째, 보직 관련 업무는 부대 간부들의 배치와 전입, 전출을 통제하는 일이다. 지휘관과 사전 교감을 통해 적재적소에 인재를 배치해야 한다. 실수하면 개인에게 피해를 줄 수 있어 세심하게 살펴야 하는 중요 업무이다.

보직이 끝나는 군수담당관이 있었다. 부대에서는 다음 달에 보직될 수 있도록 명령을 의뢰했다. 보직 일자가 되어 상급부대 명령을 기다렸다. 하지만 보직담당자 실수로 다른 직책으로 명령이 발령되었다. 행정적인 절차로 조치되었지만, 보직담당자는 많은 질타를 받아야 했다.

둘째, 사기 및 복지 업무는 장병 사기와 복지를 증진시키는 일을 한다. 숙소 배정과 관리, 체육대회, 업무협약 등 몸으로 체감하는 업무이다. 준비 소요가 많고 지속 관리해야 하는 번거로움이 많아 부지런함이 필요하다.

셋째, 안전관리는 사람에 관한 사고 예방과 후속조치를 하는 업무이다. 문제가 예상되는 사람은 교육, 관리 등을 통해 사고를 미리 방지한다. 불가피한 사고가 발생되면 사고대책반을 운영하여 후속조치도 한다.

이 밖에도 당직근무 편성, 각종 인사명령 조치 등 부대원의 거취와 관련된 모든 업무를 인사담당자가 하게 되어 있다.

명견만리(明見萬里).
만 리 앞을 내다본다는 의미의 고사성어다.

인사업무는 부대의 온갖 일을 다 하려면 관찰력과 판단력이 좋아야 한다. 사람에 관련된 일인 만큼 따져 보지 않으면 피해는 고스란히 사람이 받게 된다. 🐢

군수업무 실무자로 보직되었을 때

규정과 절차를 지켜라

군수업무는 참모 과장을 보좌하여 보급품 분배, 총기와 탄약 관리, 공사 등 장병 의·식·주를 책임진다. 군수 분야에서 문제가 되면 부대 운영에 차질을 빚을 수 있다. 부식이 잘못되면 식중독에 걸리고 총기와 탄약을 분실하면 악성 사고로 이어질 수 있다.

군수업무를 담당하는 사람은 부지런해야 한다. 새벽에 눈 떠 부식 검수도 하고 각종 현황을 매일 점검해야 하기 때문이다.

군수업무 실무자로 임무를 부여받으면 어떻게 해야 할까?

첫째, 보급품을 수령하고 분배할 때 부족하거나 넘치면 안 된다. 규정에 정해 놓은 인원만큼 분배해야 한다. 군수담당자는 정기적으로 보급품에 대한 재물조사를 통해 장부와 품목이 일치하는지 확인도 한다. 분실되거나 고장 나면 개인별로 확인서를 받는 수고로움도 불사해야 한다.

군수담당관은 일주일에 두 번은 보급품을 싣고 전 부대를 차량으로 돌아다닌다. 부대별로 분배하고 돌아오면 저녁에는 전산시스템을 정리하고 집으로 돌아갔다. 어떤 날은 비를 맞으며 보급품을 하역하는 수고로움도 마다하지 않는 성실한 사람이었다.

둘째, 총기와 탄약은 수령, 분배, 보관에 대한 관리책임이 있다. 매주 수량을 확인하고 이상 유무 서명을 통해 책임지는 것이다. 총기와 탄약은 분실하게 되면 인명피해를 줄 수 있어 군수업무에서 가장 중요한 업무이다.

셋째, 각종 공사를 계획하고 예산을 분배, 감독하는 일도 한다. 노후 시설물 리모델링, 신축 등 다양한 공사는 예산 신청부터 완료까지 군수담당자의 몫이다. 이때, 상급부대 참모부와 공병부대의 도움을 받기도 한다. 여단급 부대 이하는 전문성이 약하기 때문이다.

'작전에 실패해도 배식에 실패하는 것은 용서할 수 없다'라는 우스갯소리가 있다. 먹는 것 하나가 민감할 수 있다는 말이다.

시종일관(始終一貫).
처음부터 끝까지 한결같아야 한다는 말이다.

군수업무는 누구와 친하다고 더 주고 잘 안다고 편리성을 부여하

면 안 된다. 규정에 따른 분배와 절차에 의한 조치가 사고를 예방할 수 있다. 🙂

Chapter **4**

같지만 다른 동료, 군무원

Note 1.
군인인 듯 군인 아닌 군인 같은 너

군무원이 뭐예요?
현역도 잘 모르는 군무원의 세계

군무원은 국방부 예하부대에서 군대 업무에 종사하는 공무원이다. 일반 공무원과 다른 점은 군인과 유사한 행동의 제약과 군법을 적용받는다는 것이다. 이러한 군무원의 특성을 일반인이나 현역들도 잘 모르는 것이 많아 몇 가지 소개하려 한다.

첫째, 군무원은 일반 군무원, 전문군무경력관, 임기제 군무원의 세 가지 형태로 채용된다.

일반인이 필기시험을 통해 들어오는 것이 일반 군무원이다. 전문군무경력관은 일정한 자격을 갖추면 특수업무에 종사한다. 통상 예비역 간부들이 교관, 교수, 연구원 직위에 많이 채용된다. 임기제 군무원은 교관, 의료, 변호사 등 전문지식이 요구되는 분야에 일정 기간 계약 형태로 채용되는 군무원을 말한다.

둘째, 승진은 일반직 군무원만 해당된다. 급수별로 재직기간이 6급

이하는 2~3년, 5급 이상은 3년 이상 지나야 대상자가 된다. 승진은 평정, 잠재역량 점수 등을 고려하여 결정된다. 부정적인 평가를 받거나 개인의 잠재역량을 준비하지 못하면 승진 기회가 줄어든다.

셋째, 급수는 공무원과 같다. 9급부터 시작되며 6급 이하는 주무관, 5급 사무관 등 부르는 호칭도 동일하다. 부대에서 근무한다고 군복을 입지는 않는다. 단정한 일상복이 출퇴근 복장이다.

넷째, 현역의 병과처럼 업무에 따라 기능이 나뉘는데, 이를 직군이라 한다. 행정, 시설, 예비전력 등 다양한 직군은 지원할 때부터 공개되어 있다. 일반직의 경우 채용되면 일정 기간 부대에서 근무하면서 현역처럼 인사교류를 통해 부대와 보직을 옮긴다.

다섯째, 복지혜택은 현역과 동일하게 적용을 받는다. 휴가, 충성마트(PX), 군 휴양소, 체력단련장 등을 이용할 수 있다. 하지만 숙소는 지원사항이 아니라서 본인이 해결해야 한다. 일부 공가가 있다면 지원하는 부대가 있기도 하다. 연금은 군인이 아니기에 공무원연금에 해당된다. 군인연금을 받는 예비역의 경우 군무원 재직 동안 연금이 중단된다.

군무원은 부대에서 일하는 만큼 군대 규정 속에서 움직여야 한다. 행동에 제약이 있어 이를 감수하고자 하는 마음이 없다면 생활에 불편함이 있다. 🏵

군무원 생활에 익숙해지려면?
고참 선배에게 물어보자

군무원이라는 직업을 갖기 위해 필기평가를 포함해 많은 경쟁을 이겨 내고 들어온다. 남녀노소 구별 없이 지원한 자리가 정해지면 그때부터 업무가 시작된다.

익숙하지 않은 낯선 환경과 평소 쓰지 않았던 군대 언어들이 오가면 머리가 멍해진다. 군대를 다녀온 남자라도 간부 생활을 해보지 않았다면 적응하는 데 시간만 약간 줄어들 뿐이다.

군무원 생활은 현역 간부 생활과 유사하다. 각자 주어진 임무가 있으며 그 일에 대한 책임을 지는 것이다. 처음엔 적응 기간을 고려해 실수해도 이해하지만, 반복되면 좋은 평가를 받지 못한다. 아는 사람이라도 있으면 그나마 좋을 텐데 신규 임용되면 물어볼 곳도 마땅치가 않다.

임용되어 부대 생활을 잘 모를 때는 선배들에게 묻고 따라 하는 것이 좋다. 이왕이면 몇 년 차이 나지 않는 선배보다 10여 년 이상 된 선배들에게 물어보는 것이 좋다. 오랜 시간 근무한 선배들은 부대 역사와 사람들과의 관계에 정통하다. 보고서 작성, 상급자에게 보고하는 요령 등 가지고 있는 비결은 바로 써먹기 좋은 기술들이다.

20대 후반 늦은 나이에 군무원에 임용된 A 주무관이 있었다. 사회생활 경험도 없어 사람들과 어울리지 못하고 있었다. A 주무관은 20년 차 사무관을 찾아가 조언을 구했다. 사무관은 "보고서는 B 대위 것 보고 따라서 연습해라. 과장님이 좋아한다."라며 충고해 주었다. 이후 사무관은 자신의 실패 사례, 군대용어, 회식 시 건배사 등 다양한 것들을 전수해 주었다.

자기계발을 위한 각종 교육과 세미나에도 빠지지 않아야 한다. 직무에 필요한 교육은 업무를 향상시킨다. 필요한 교육은 이유와 기대효과를 상급자에게 보고하여 꼭 받는 것이 좋다. 업무가 많다고 교육을 막는 상급자는 없다. 군무원의 오랜 기술이 부대 발전에 도움됨을 알기 때문이다.

동성상응(同聲相應).
같은 무리끼리 서로 통하고 모인다는 말이다.

모든 일에 적응이 되려면 시간이 필요하다. 시간을 줄이려면 선배, 인접 동료에게 먼저 다가가 묻고 해결하는 것이 빠른 길이다. 군무원 생활이 처음인데 창피해할 것도 없다. 처음부터 몰랐으니 좋은 기회인 것이다. 🐢

징계규정은 똑같이 적용된다
예외는 없다

군무원은 현역과 같이 잘못하면 군대 규정에 따라 처벌을 받는다. 법령을 위반하거나 직무 관련 품위를 손상하는 행위에 대해 군 인사법 등이 적용되는 것이다.

'잘못하지 않으면 몰라도 되지 않나?'라고 생각할 수도 있다. 하지만 징계규정을 알아야 잘못된 행동을 하지 않을 수 있을 것이다. 조직생활은 단순하지 않다. 더구나 군대는 군사비밀을 다루는 등 접하기 힘든 일을 하기에 규정을 잘 알아 두는 것이 좋다. 예를 들어 부대에서 전해 들은 군사기밀을 친구들에게 전파하면 보안규정 위반으로 처벌받게 된다.

잘못한 행위에 대한 징계 사유는 무수히 많다. 비밀엄수, 품위유지, 성실의무, 복종의무 등 계급에 상관없이 같이 적용된다. 가장 빈번히 발생하는 징계 사유로는 음주운전, 언어폭력, 기밀누설 등을 꼽을 수 있다. 사람들과 접촉이 많을수록 발생되는 사건이다.

A 주무관은 지인들과 음주 후 자가용을 몰고 집에 가던 중 음주단속에 적발되었다. 퇴근 후 개인적으로 벌어진 일이라 부대에 보고하지는 않았다. 얼마 후 음주운전에 대한 사실이 부대로 통보되어 A 주무관은 품위유지의무 위반으로 징계를 받았다.

징계는 경징계와 중징계로 나뉜다. 사안이 경미하면 경징계로 견책, 감봉을 받고 심각하다면 중징계를 받는다. 징계를 받으면 승진이나 호봉승급에 제재를 받게 된다. 특히 중징계는 해임이나 파면까지 줄 수 있어 급여와 수당까지 제재를 받게 된다.

억울하게 징계를 받았다면 항고할 수 있다. 징계에 대한 처분을 취소하거나 감경을 구하는 방법이다. 처분을 받고 30일 이내에 제기해야 한다.

악인악과(惡因惡果).
나쁜 일을 하면 반드시 나쁜 결과가 따른다는 말이다.

직무에 태만하거나 부정한 행위를 했을 때 처벌규정에 현역, 군무원이 따로 구분되어 있지 않다. 하지 말아야 할 것을 하지 않는다면 징계규정을 심각하게 읽어 보게 되는 일은 없을 것이다. 🍵

상급자로서 군무원을 대할 때
이해하려는 노력이 필요하다

 병력이 감축되면서 현역 간부 자리가 군무원으로 많이 대체되는 추세이다. 군무원은 전방 사단부터 후방 부대까지 다양하게 분포되어 있다. 비전투 분야인 정책부서나 교육기관은 수백 명에 이른다.

 많은 인원이 일하는 만큼 상급자도 예전과 같이 현역 위주의 관리 방식만 알아서는 한계가 있다. 현역은 길어야 2~3년 있다가 떠난다. 군생활 전체를 놓고 보면 갈수록 군무원과 생활하는 시간이 많아진다.

 군무원을 이해하기 위해 어떤 것들을 알아 두는 것이 좋을까?

 첫째, 군무원 관련 용어를 알아 두면 대화하는 데 도움 된다. 알고 보면 현역과 별 차이 없는데 생소한 용어들이 많다. 이런 것들은 각 군 규정을 보면 쉽게 설명되어 있다. 예를 들어 승진제도, 인사이동, 교육훈련이 어떻게 관리되는지 자세히 나와 있다. 모르면 군무원 담당과 통화해 보면 알 수 있다.

다수의 인원이 군무원으로 구성된 부서가 있었다. 참모는 군무원의 업무 비중도가 낮아 대화를 많이 하지 않았다. 6개월쯤 지났을 때 군무원 절반이 부서를 떠나는 일이 발생하였다. 진급, 이직, 휴직, 인사이동이 동시에 터진 것이다. 부랴부랴 남아 있으라 설득을 했지만 다들 떠나기로 했다. 평소 대화를 하지 않던 참모는 지휘관에게 불려 가 잔소리를 들어야 했다.

둘째, 차별하면 모르지 않는다. 군생활을 계속해야 한다는 이유로 현역을 모르게 챙기려 해도 금방 알아차린다. 군무원도 군생활이 얼마인데 모르겠는가?

예를 들어 업무성과와 관련 없는 현역을 표창 대상자에 추천하는 경우가 있다. 알아도 이해하고 넘어가지만 반복되면 상급자에 대한 신뢰감이 저하되니 주의해야 한다. 말 한마디라도 양해를 구하는 것이 나을 것이다.

셋째, 사복을 입었다고 나이와 계급을 따져 반말하는 경우가 있다. 연세 많은 어른도 젊은 친구에게 반말하지 않는다. 존중해 주는 것이다. 20대 군무원이라고 보자마자 반말하면 기분은 좋지 않다. 인간적으로 친해졌을 때 편하게 말하는 것이 서로에게 좋다. 반말하다 보면 언행을 함부로 하여 불편한 관계가 될 수도 있다.

넷째, 진급 발표에 관심을 갖자. 군무원도 진급 발표 시기가 정해져 있다. 하지만 인사실무자가 아니면 부서원이 진급한 것을 모르고 지나가는 경우가 있다. 같은 부서의 동료인데 모르고 지나가는 것은 상급자에게 문제가 있는 것이다. 최소한 발표 시기는 알아 두어 격려나 위로를 해주는 것이 인지상정이다.

당국자미(當局者迷).
그 일을 책임지는 사람이 오히려 실정에 어둡다는 뜻의 고사성어다.

군무원과 지내면서도 알려 하지 않으면 모를 수밖에 없다. 이해하려 노력하면 불필요한 오해를 만들지 않을 수 있다. 🐢

일과 전·후를 침해하지 말자
군무원은 군인이 아니다

어느 조직이든 일이 시작되고 끝나는 시간이 정해져 있다. 법률로 보장된 기준근로시간인 것이다. 군대도 일과표가 있어 출퇴근 시간과 체력단련 시간 등이 규정되어 있다.

일하다 보면 기준시간을 초과해야 하는 일도 있다. 이럴 때는 초과근무를 신청하여 수당으로 돌려받는다. 이는 본인 일이 끝나지 않았을 때 책임감에 스스로 하는 것이다.

현역은 야근을 마치고 집으로 돌아가 쉬려 해도 상급자의 전화 한 통에 다시 들어가는 일이 많다. 엄격히 따지면 일과 이후 사생활 보장을 해주지 않은 상급자의 잘못인데 그런 말을 할 수 없다. '목구멍이 포도청'이라는 말처럼 진급, 보직 관리 때문에 무시할 수 없는 것이다.

가끔 군무원에게도 이런 걸 요구하는 상급자가 있다. 앞서 언급한 것처럼 사생활을 침해하는 행위로, 신고하면 상급자가 책임을 져야 한다. 군무원이라서 업무를 기피한다는 말이 아니다. 법정근로시간 준수에 대해 경고를 하는 것이다.

업무 욕심이 많은 A 소령이 실무자인 주무관에게 새벽부터 전화를 걸었다. "오늘 지휘관에게 보고할 것이 있으니 06:00까지 들어오라."라는 것이었다. 주무관은 바쁘니까 도와주려는 마음에 일찍 출근했다. 그런데 막상 와 보니 글자 몇 자 수정하는 수준의 보고서 때문에 불려 들어온 것에 화가 났다. 이후에도 A 소령은 수시로 늦은 밤이나 새벽에 전화해 부대로 불렀다. 참지 못한 주무관은 A 소령을 감찰에 신고하였다.

일과 이후 사생활과 휴식권 보장은 법률로 지키게 되어 있다. 요즘은 '까라면 까라'는 식의 군대 문화는 통하지 않는다. 현역이든 군무원이든 개인 생활을 방해하는 것은 잘못이다.

차청차규(借廳借閨).
대청을 빌려주면 안방까지 빌리려 한다는 뜻으로, '남의 권리를 차츰 침범함'을 비유하는 고사성어다.

상급자가 업무지시를 할 때 일과 이후 시간이 보장되는지 살핀 후 말하는 것이 좋다. 무심코 뱉은 한마디에 중간관리자가 다칠 수 있다. 🧧

신입 군무원에게 관심을
동료의식을 갖고 살피자

군인은 부대를 배치받아 일과를 마치면 각자 숙소로 간다. 기혼자는 아파트, 미혼자는 독신자 숙소가 배정되어 있기 때문이다. 군무원은 군에 들어와도 부대에서 집을 주지는 않는다. 운이 좋아 집 근처에 배치가 되면 좋은데 대다수 타지에서 일하는 경우가 많다. 급수가 높으면 모아 둔 돈으로 집을 구한다. 급수가 낮거나 이제 막 시작하는 사람은 이마저도 녹록지 않다. 부대 주변에 집이 별로 없어 월세가 서울 못지않게 비싸기 때문이다.

급수가 낮은 군무원의 처지를 한번 생각해 보자. 현역으로 치면 하사와 유사하다. 급여를 받아 월세, 통신비, 교통비, 세금 등을 제하고 나면 남는 돈이 별로 없다. 먹고 살아야 하니 식대도 많이 나간다. 여기에 회식이라도 하면 더치페이 문화로 그 돈도 만만치 않게 들어간다. 상급자라면 이 점을 관심 있게 들여다봐야 한다. 공가가 있다면 예규에 반영하여 집을 지원하고, 회식 때는 더 받는 사람이 사 주는 것도 좋다. 물론 강제할 수 없지만 신분을 떠나 동료의식을 갖는 다면 어려운 일이 아닐 것이다.

1년 정도 지난 9급 주무관이 차를 마시며 넋두리를 했다. "월급 받아 월세 50만 원, 통신비 5만 원, 식대 30만 원 등을 제외하니 남는 게 없네." 그래서 다른 직업을 찾아 원서를 쓰는 중이라고 했다. 집 근처에 가면 최소한 50만 원은 굳는다며…….

현역은 상호 이해도가 높은 현역의 애로사항을 잘 받아 준다. 그런데 상대적으로 같은 동료인 군무원의 어려움에는 관심이 떨어진다. 군무원도 열악한 생활환경, 익숙하지 않은 문화 등 만만치 않은 여건이다. 현역처럼 어려움이 없는지 대화해 보고 가능한 것은 조치도 해주자. 많은 것을 바라는 것은 아닐 것이다.

타상하설(他尙何說).
한 가지를 보면 다른 것을 보지 않아도 헤아릴 수 있다는 말이다.

격오지에 갈수록 군무원 이직률이 높다. 생활환경과 각종 복지 여건이 열악하기 때문이다. 전문성을 키운 군무원들이 잠깐 있다 이직한다고 비난하기에 앞서 그들의 여건을 들여다보라. 이유가 있는 것이다. 🏵

군무원으로 제2의 인생을 시작했다면?

현역 시절 계급을 빨리 잊어라

예비역 간부는 전문군무경력관이나 임기제 군무원 시험을 통해 채용된다. 일정한 자격조건을 거쳐 경력으로 채용되면 지원한 부대에서 제2의 인생을 시작한다. 익숙한 군대 문화로 업무는 그리 어렵지 않지만, 현역과의 관계에서 어려움을 많이 겪는다.

불과 얼마 전까지 현역 생활을 하다가 군무원이 되면 언어나 생활방식을 쉽게 버리지 못한다. 까마득한 후배를 보면 반말을 하고, 지나가면서 인사를 하지 않으면 혼을 내기도 한다. 하지만 이런 행동은 환영받지 못한다. 군문을 떠난 예비역 신분이 선배 대접을 받으려 하는 것은 스스로 준비되지 않은 사람임을 나타내는 것이다. 그런 모습이 오래되면 '나잇값도 못 한다'는 소리를 듣기 쉽다.

특히 후배가 상급자로 오면 더 조심해야 한다. 후배이지만 업무계통상 상급자인데 현역 시절을 떠올려 언행을 함부로 한다면 본인만 손해다. 지휘계통이 엄격한 문화인데 이를 무시한 행동은 역린을 건드리는 것과 다를 바 없다. 무례한 행동은 본인 동문까지도 욕먹일 수 있다.

현역 후배들만 보면 차 한잔 주며 부대 생활을 말하던 군무원 선배가 있었다. 좋은 얘기들이 오가며 격려도 해주었다. 일정 시간이 지나 부대에 적응한 후배가 그 선배를 만났다. "안녕하세요? 선배님."하고 목례를 하고 지나가자 선배가 불러 세웠다. "너는 선배한테 경례도 안 하냐? 목례가 뭐냐."라며 질책했다. 그러자 후배는 "지금 뭐라 말씀하셨나요? 경례라뇨? 선배로서 대우해 줬는데 앞으로 예의를 지키세요."라고 말하며 자리를 떠났다.

군문을 떠나 군무원이 되었다면 현역 시절 계급을 빨리 잊는 것이 좋다. 계급과 선후배 관계를 떠올리면 본인만 피곤하다. 상대방은 그냥 군무원으로 바라볼 뿐이기 때문이다.

때론 후배가 먼저 선배에게 '편하게 말씀하시라'며 말하는 경우가 있다. 그럴 때도 많은 사람이 있는 자리라면 반말을 하지 말자. 공과 사를 명확하게 구분하면 상대방들이 나를 알아서 존중해 줄 것이다.

자괴지심(自愧之心).
'스스로 부끄러워하는 마음'을 뜻하는 말이다.

후배에게 대접받고 싶으면 본인부터 언행을 조심하고 업무로 인정을 받는 것이 좋다. 군생활을 처음 한 것도 아닌데 무슨 말이 필요하겠는가? 🌏

현역이 싫어하는 군무원
일의 근본을 잊는 사람

사람 사는데 모두 좋은 관계로 살아갈 수는 없다. 좋아하는 기호식품이 다르거나 정치적인 성향만 달라도 친구가 때론 적이 되기도 한다.

현역, 예비역, 군무원 등 다양한 신분이 많은 군대는 좋고 싫다고 티를 내지는 않는다. 괜히 말해 봐야 서로 불편하고 송사에 휘말릴 수도 있기 때문이다.

함께 생활하는 부대에서 현역이 싫어하는 군무원은 어떤 유형일까?

첫째, 업무를 기피하거나 떠넘기는 사람이다. 자기 업무인데 작은 핑계를 찾아 현역이 하게끔 하는 것이다. 귀찮거나 현역을 상대해야 하는 일일수록 그런 경향이 높다. 잠시나마 업무를 피할 수 있지만 좋은 평가를 기대하기는 어렵다.

간부평가를 담당하는 A 주무관은 계획을 잘 수립한 후 진행단계에서 꼭 빠지려 했다. "문제 출제는 현역이 하는데 나는 잘 모른다. 협조도 어렵다."라고 상급자에게 보고했다. 결국, 그 일은 옆자리에 있는 현역들이 했다. 그러나 결과보고는 A 주무관이 작성해서 실적으로 남겼다.

둘째, 상급자와 친분을 이용해 현역들을 이용하는 사람이다. 개인적인 친분이 있거나 군대 동료였던 사람이 상급자로 오면 이런 일이 벌어진다. 친분을 이용해 진급이나 보직에 대한 희망을 품어 주는 등 권한 밖의 행위를 한다. 사건의 경위가 밝혀지면 허위사실 유포 등의 혐의로 곤욕을 치러야 한다.

부대 지휘관과 죽마고우인 사무관이 있었다. 그는 매주 지휘관과 식사하는 등 행동을 과시하면서 간부들에게 허장성세를 피웠다. 결국, 진급 추천이라는 민감한 부분을 발설하여 처벌을 받고 부대를 떠났다.

셋째, 나이가 많다고 말을 함부로 하는 사람이다. 특히, 예비역 신분에서 전환된 군무원은 선배라는 타이틀을 갖고 있어 실수하는 경우가 종종 있다. 군 경력이 오래된 현역은 이해하지만 짧은 후배들은 이해하지 못한다. 군을 떠났다면 일반인으로 돌아와 상대를 배려해 주는 것이 좋을 것이다.

넷째, 능력이 뛰어나 현역이 항상 비교당하는 사람이다. 어떤 잘 못을 한 것은 아니다. 단지 업무능력이 좋아 시기 질투를 받는 것이다. 이 경우 비교하는 상급자도 문제지만 받아들이지 못하는 사람도 문제다. 시기 질투가 잘못되면 유언비어로 사람을 공격할 수도 있기 때문이다. 혼자서 능력이 뛰어나면 차라리 하던 일을 잠시 멈추고 기다려 주는 것이 좋다.

본말전도(本末顚倒).

일의 처음과 나중이 바뀌었다는 뜻으로, '일의 근본 줄기는 잊고 사소한 부분에 사로잡혔다'는 말이다.

상황이나 친분을 이용하여 불편함을 일으키지 말고 나의 일에 충실하다면 싫어하는 사람은 없을 것이다. 🉐

군무원이 싫어하는 현역
명분이 바르지 않은 사람

　군무원은 현역의 일에 특별히 관심이 없다. 직무, 인사관리, 생활환경이 달라 부대 소식도 다 지난 다음에 알기도 한다. 부대의 중심이 현역에 맞춰 있다 보니 군무원과 관계되는 일이 많지 않은 것이다.

　관심 분야가 서로 다른 신분인데 어떤 경우에 군무원이 현역을 싫어할까?

　첫째, 잘못된 문화임에도 불구하고 현역처럼 하길 바라는 경우다. "현역은 시키면 다 하는데 군무원은 정해진 시간만 일하고 쉰다."라고 불만을 토로하는 경우가 있다. 매일 야근하며 라면으로 한 끼를 때우는 현역들의 불만이다. 하지만 그런 불만을 일으키는 상황을 가만히 곱씹어 보자. 쉴 때 못 쉬는 것은 상급자의 잘못 혹은 개인의 역량 부족 때문일 수 있다. 눈치 보며 일하기, 반복되는 문서 수정만 안 해도 쉬는 시간은 보장될 텐데 문화를 바꾸는 것에 인색한 것이다.

둘째, 일도 안 하는데 급여는 꼬박꼬박 받아 가는 직책에 있는 현역을 싫어한다. 어디 가도 모든 자리가 바쁘지는 않다. 일한 만큼 성과를 보상받는 직책도 있고 그렇지 않은 자리도 있어 업무 강도는 다를 수 있다. 하지만 하는 일 없이 하루를 보내도 급여를 받아 가는 사람이 있으면 짜증이 날 수밖에 없다. 현역이라는 이유로 자리가 없어져도 어디선가 보직을 받아 사는 데 지장이 없기 때문이다.

> 상급부대에서 업무실태 조사를 나왔다. 직무분석을 통해 조직을 효율적으로 운영할 수 있도록 조사를 했다. 조사 결과, 군무원 몇 자리가 현역과 유사 업무가 많아 자리를 없애기로 했다. 현역 몇 자리도 삭감하기로 했지만, 당사자들은 "없어져도 딴 데 가면 된다."라며 피식 웃었다. 그 모습에 군무원들은 실망하고 말았다.

셋째, 상급자가 바뀔 때마다 업무가 조정되고 지침을 바꾸는 경우다. 상급자는 부임하면 자신의 입맛대로 시스템을 바꾸려 한다. 해왔던 업무를 없애거나 새로 만드는 등 아랫사람 의견을 듣지 않는다. 이때마다 부대에서 오랫동안 생활한 군무원은 짜증이 난다. 몇 년 전에 했던 것을 재탕하는 것과 다를 바 없기 때문이다. 이런 상급자는 시간이 지나면 군무원들이 말을 섞지 않는다. 상급자가 떠날 때만 기다릴 뿐.

넷째, 계급으로 사람을 무시하는 경우다. 군생활 몇 년이 지나면 장교는 대위로 진급해서 공무원 5급 정도의 대우를 해준다. 군 전체 계급으로 보면 결코 낮은 계급은 아니다. 하지만 경력으로 보면 3년에서 10년까지 천차만별이다. 어떤 상급자들은 8년 차 대위가 만든 보고서는 믿지만, 15년 된 군무원 7급의 말은 듣지 않는다. 7급이 뭘 알겠냐면서. 다양한 직책과 전문성은 그동안 만났던 상급자들에게 배운 것들이다. 무시하면 잘못된 업무에 입을 닫는다. 책임은 만든 사람들에게 있으니까.

A 대위가 교범을 정리하면서 구 교범을 폐기하고 목록을 정비하는 보고서를 작성하여 참모에게 보고했다. 그 과정에서 일부 전시(전쟁) 교범이 포함됐지만, B 주무관은 말하지 않았다. 평소 참모의 "뭘 아냐."라며 무시하는 말투와 A 대위의 "내 분야인데 참견 말라."라고 했던 경고성 발언이 떠올랐기 때문이다. 전시 교범과 참고 교범 일부가 폐기되었다. 한 달 뒤, 상급부대 교범 실태점검 간 식별되어 A 대위는 문책을 받았다.

명정언순(名正言順).

일할 때 있어 명분이 바르고 말이 사리에 맞는다는 뜻의 고사성어다.

군무원과 현역은 신분이 다르지만 같은 부대에서 일하는 사람들이다. 서로를 비교하기보다 각자의 역할에서 주어진 일을 성실히 한다면 싫고 좋음에 의미가 없을 것이다. 🐢

Chapter 5

동료들로 인해
괴로울 때

Note 1.
군대도 사람 사는 곳이다

상급자가 신뢰하지 않을 때
모든 수단을 동원하라

뚜렷한 이유도 모른 채 상급자에게 신뢰를 받지 못하는 경우가 있다. 이유가 무엇일까? 곰곰이 생각해 보게 된다.

상급자가 이유 없이 신뢰하지 않고 괴롭히진 않는다. 문제는 결국 나에게 있는 것이다.

상하 관계에서 하급자가 절대적으로 불리함을 고려한다면 대응방법을 잘 찾아야 한다. 적절한 방법이 떠오르지 않을 때는 상급자의 동선을 따라가 보자. 선호하거나 기호도가 높은 것을 따라 하는 것이다. 이 방법은 마음이 움직여야 가능하다.

인접 선배는 군대에 있는 3개 종교를 다 따라다니며 다양한 신을 믿었다. 후배들이 왜 그러냐고 묻자 "참모가 거기 다니니까."라고 답했다. 후배들은 무슨 말인지 나중에서야 깨달았다. 그 선배는 모든 업무를 종교행사에서 해결한 것이었다.

어떤 상급자는 특별히 선호하는 것이 없을 때도 있다. 오로지 365일 일만 하는 사람인 것이다. 이런 상급자는 반드시 업무성과로 인정을 받아야 한다. 업무에 대한 아이디어가 많아야 하며, 보고서도 특성에 맞게 작성해야 한다.

실무자와 똑같이 출·퇴근을 하는 참모가 있었다. 밥 먹는 시간 말고는 온종일 문서만 만들었다. 동기생은 365일 참모와 같은 패턴으로 지내며 진급을 하였다. 모두 불쌍하다 했지만, 그 동기생은 목적을 달성한 것이다.

많은 방법을 동원해도 해결되지 않는다면 상급자의 지인을 찾아가라. 상급자가 신뢰하는 사람을 내 편으로 만드는 것이다. 유대관계가 높은 만큼 긍정적인 부분을 어필해 준다면 다시 생각해 볼 수 있기 때문이다. 지인이 "잘하는 것 같다."라고 말만 해도 달리 볼 수 있다는 것이다.

수원수구(誰怨誰咎).
누구를 원망하고 누구를 탓할 것인가, 즉 '남을 원망하거나 탓할 것이 없다'라는 말이다.

신뢰에 관해서는 나는 당사자이다. 회복하는 데 장시간이 소요되

거나 극복 못 할 수도 있다. 혼자서 어렵다면 도움을 청하는 것이 시간을 줄여 줄 수 있다. 😄

자존감만 높고 아둔한
상급자를 만났을 때

말을 줄여라

　자존감만 높고 아둔한 상급자는 조직에서 만나면 피곤한 유형이다. 이런 상급자는 윗사람에게 잘 보이기 위해 주말에 출근하는 부지런함을 보이기도 한다. 주변 사람들은 열심히 일한다고 하지만 아랫사람은 죽을 맛인 것이다. 아둔하다면 아랫사람의 업무속도를 더디게 만들기도 한다.

　과장은 동기들보다 빨리 진급했고 자존감이 높았다. 하지만 결심이 늦어 수십 번 보고서를 고치며 실무자들을 괴롭혔다. 심지어 고친 보고서가 처음 보고서와 다르지 않을 때도 많았다. 그는 종교행사 시 지휘관을 만나면 "종교행사 후 업무 수행한다."라는 소리를 하곤 했다. 지휘관은 그 말을 믿고 높게 평가했다. 그러나 출근해서 하는 일이라고는 다른 과를 돌며 얼굴을 비치고 가는 수준이었다.

자존감 높은 상급자는 자신의 실수를 인정하지 않는다. 올바른 조언을 해도 본인이 정한 방향으로 결정하기 때문에 말해 봐야 소용없다.

본인의 잘못된 판단으로 질책을 받으면 책임을 실무자에게 떠넘기기도 한다. 자존감이 높을수록 실수에 대한 기억을 빨리 지우려 하기 때문이다.

이런 상급자에게 대답할 때는 '예'라고 답하는 것이 현명하다. 강한 자존심은 '아니오'를 용납하지 않고, 내가 부정적인 사람으로 인식되기 쉽다. 도저히 '예'라는 말이 나오지 않을 때는 "말씀대로 보고하겠습니다."라고 답하는 것도 좋다. 책임은 당신에게 있음을 주지시키는 것이다.

과장은 실무자의 판단을 무시한 채 보고를 들어갔다. 지휘관은 "무슨 말인지 모르겠다."라며 다시 정리하라 지시했다. 돌아온 과장은 실무자에게 "거봐, 내가 아니라고 했잖아."라며 엉뚱하게 책임을 돌렸다. 그러나 과장은 거기서 그치지 않았다. 인접 과장에게도 실무자 책임으로 말하며 험담까지 한 것이다.

아둔하다는 것은 '무디다'라는 의미가 있다. 남들은 아는데 본인만 모를 경우가 많다는 것이다. 이 점에 착안하여, 보고서는 지휘관 보고 며칠 전에 보고하라. 일찍 보고해 봐야 책상에 묻혀 있기 때문이다. 닥치면 수정 시간도 짧아지고 시간도 절약된다.

과대망상(誇大妄想).

자기의 현재 상태를 지나치게 과장하여 사실처럼 믿는다는 말
이다.

높은 자존감은 자신을 돌아볼 줄 모른다. 본인 말이 항상 바르다
고 생각하기 때문에 남의 의견을 수용하지 못한다. 아닌 것을 아니
라고 말해도 알아듣지 못한다. 이럴 땐 되도록 말을 줄이고 시키는
것만 잘하는 것이 상책이다. 🥟

안하무인 상급자를 만났을 때
법과 규정에 맡겨라

남들보다 좋은 위치에서 일하고 있어도 복병에 부딪혀 힘든 경우가 많다. 이겨 내지 못할 정도의 상급자를 만나면 정신이 무너질 수 있는 것이다.

이기지 못한다는 것은 상대의 수준이 높거나 성격이 과격한 경우일 것이다. 여기에 막무가내로 밀어붙이면 자괴감에 빠질 수 있다.

이런 상급자를 만났을 때는 우선 피하는 것이 상책이다. 눈에 띄지 않도록 수면 밑에 잠시 가라앉아 주변 상황을 살피자. 스스로 해결하려 한다면 답 없는 상황을 계속 만들게 될지도 모른다.

참모훈련 시 대대장이 중대장들에게 "전술적 식견이 형편없다."라며 질책을 했다. 전입 1주 차인 중대장이 대대장에게 "병과학교에서 그렇게 하는 것이 맞다."라고 자신 있게 대답을 했다. 순간 정적이 흘렀다. 대대장은 "네가 뭘 안다고 나서!"라며 화를 냈다. 이어서 "너희 중대 작전계획 지금 설명해 봐!"라며 몰아붙였다. 30분 동안 지속하자 중대장은 "죄송합니다."라 말하고 입을 닫았다. 화가 치밀어 오른 대대장은 "중대장이 개념 없다. 군장 메고 집합하라." 지시하고 문을 박차고 나갔다. 중대장은 잘못이 없었다. 상급자의 성향을 파악 못 하고 원칙을 얘기한 것뿐이었다.

'눈 아래 사람이 없다'는 안하무인은 원칙도 통하지 않는다. 안하무인이 폭언을 지속해서 한다면 정상적인 고충신고를 하는 것이 좋다. 잘못이 없는 부하가 계급만으로 고통을 받아야 할 이유가 없다.

고충처리는 불법행위가 아니다. 가해자가 변하지 않을 때 정상적인 절차를 밟으라고 제도가 있는 것이다. 참다 보면 병이 생기고 병이 깊어지면 몸을 해치는 불상사가 벌어질 수 있다.

휘질기의(諱疾忌醫).
병을 숨기고 의사를 꺼린다는 뜻으로 '자신의 결점을 감추고 고치려 하지 않는다'는 고사성어다.

상급자를 존중하는 것은 부여된 계급과 직책 때문이다. 잠시 머물다 가는 자리인 것이다. 지속적인 괴롭힘을 참고 견디기보다 법과 규정으로 조치받는 것이 좋다. 🦀

업무 중심의 상급자를 만났을 때
일로 승부하라

군대가 과거처럼 구속된 삶만 요구하지는 않는다. 다양한 휴가제도를 시행하고 가족과 함께하는 것을 권장하고 있다.

그러나 가끔 업무 중심의 상급자를 만나면 난감해진다. 제도를 잘 활용하라지만 정작 본인은 일하기 때문이다. 그럴 땐 어쩔 수 없이 맞춰 가야 한다.

업무 중심의 상급자에게는 몇 가지 특징이 있다.

첫째, 공적인 영역에서 우선 인정받아야 한다. 주의해야 할 점은 내 생각대로 업무를 추진하는 것을 지양해야 한다는 것이다. 상급자가 명확히 지시한 것이 있다면 먼저 추진해야 한다. 그래야 잘못되더라도 책임을 면할 수 있다.

둘째, 불필요한 말을 줄이고 상급자의 말에 집중하는 것이 좋다. 말을 많이 하면 실수가 잦아진다. 말에 사족을 붙이면 상급자의 시간을 허비하기도 한다. 아는 정보가 있다 해도 섣부른 판단은 윗사람을 무시하는 행동으로 보일 수 있으니 주의가 필요하다.

과장은 지휘관의 말에 항상 토를 달았다.

어느 날 지휘관이 "다음 주 방문하는 외부인사에게 소개할 자료를 가져와라."라고 지시했다. 과장은 "작년에 와서 별도로 만들지 않고 작년 것 활용하겠다."라고 답했다. 지휘관은 "변화된 내용을 포함해야 한다. 가져와."라며 재차 지시했다.

과장은 방문 하루 전 보고서를 가져왔다. 사진만 교체한 채 내용은 수정하지도 않았다. 지휘관은 한숨을 쉬며 "너는 내 말을 무시하네."라고 말하고 돌려보냈다.

셋째, 스스로 아이템을 찾아내는 습성이 있다. 갑작스러운 아이템이 상급자 입에서 나온다면 빠르게 반응해야 한다. 완벽함보다 적시성에 맞춰야 한다. 필요한 정보를 우선 주고 디테일한 방향은 나중에 대화를 통해 풀어 가는 것이 좋다.

소대장은 우연히 중대장 책상에 놓인 노트를 한 권 보게 되었다. 노트에는 번호가 매겨져 있었다. 1번부터 50번까지 중대장이 지금까지 했던 일과 앞으로 할 일이 적혀 있었다. 심지어 3개월 뒤 무엇을 할 것인지도 기록되어 있었다. 문을 열고 들어온 중대장은 "다

봤냐?"라며 소대장에게 한마디한다. "계획적이지 않으면 놓치는 게 많다. 이왕 봤으면 뭘 할지 스스로 판단해라."라며 나가 보라 했다.

격화소양(隔靴搔癢).

신을 신고 발바닥을 긁는다는 뜻으로 '애를 쓰는 만큼의 효과를 얻지 못해 성에 차지 않음'을 의미하는 고사성어다.

업무 중심의 상급자를 만나면 일을 진짜 잘해야 한다. 그 사람의 가치는 업무성과로 평가받기 때문이다. 군생활하는 동안 행동으로 실천하고 메모하는 습관을 가져 보라. 익숙해지다 보면 그리 어려운 상급자가 아니다. 🐢

시기 질투가 들어올 때
조력자가 필요해

　어느 순간 진급, 보직 경쟁으로 시기 질투하는 사람들이 늘어난다. 이럴 때일수록 차분히 대응한다면 위기를 모면할 수 있다.

　시기 질투하는 사람들은 나라는 존재가 불편해서일 것이다. 내가 너무 잘났거나, 상대의 치부를 알아서일 수도 있다.

　이런 상황을 어떻게 모면하는 것이 좋을까?

　첫째, 조력자를 구하는 것이다. 나를 신뢰하고 단점을 명확히 지적해 줄 수 있어야 한다. 조력자는 군 경력보다 '박학다식'한 사람이어야 한다. 다양한 분야를 많이 안다는 것은 도움 줄 방법도 많다는 것이다.

　군수장교는 죽마고우가 있었다. 의무복무를 마친 컨설팅 회사원이다. 그는 많은 독서량에 컨설팅 능력을 갖추고 있었다. 그는 군대나 사회의 조직이나 비슷하다며 군수장교의 고민을 항상 명쾌하게 해결해 주곤 했다.

둘째, 먼저 대응하지 말아야 한다. 상대의 수를 읽고 속아 넘어가 주는 것이다. 수를 먼저 읽는다는 것은 어려운 일이다. 나를 우려하는 주변의 시선에도 '어떻게 할 것인가'를 먼저 말하지 않는 것이 좋다. 나의 말과 행동이 상대방에게 다시 흘러 들어갈 수 있기 때문이다.

셋째, 상대가 유언비어를 유포했다면 같은 방법으로 우선 대응한다. 비위 사실 등을 입담꾼을 통해 흘리는 것이다. 말을 좋아하는 사람이기에 일주일만 지나도 효과가 나타날 것이다.

방법이 치졸하다면 상급자를 찾아가 얘기해 보라. 정공법을 말하는 것이다. 머리 아픈 수싸움을 하는 것보다 정상적인 조치가 현명할 수 있다. 정공법은 지휘관이 반드시 조치해야 할 책임이 있다.

부대 생활을 잘하던 보급관에 대해 악성 루머가 퍼지기 시작했다. "너무 잘나서 상급자를 무시한다. 동료는 안중에 없다."라는 등 없는 말이 난무했다. 보급관은 지나가는 사람마다 "왜 그랬냐?"라는 근거 없는 소리를 들어야 했다. 참다못한 그는 지휘관실을 찾아갔다. "소문의 출처가 누군지 알고 있습니다. 그 말이 사실이면 저도 처벌을 받을 테니 조치해 주십시오."라고 말하고 나왔다. 지휘관은 조사기관에 지시하였고 해당 간부는 처벌을 받아야 했다.

임갈굴정(臨渴掘井).

목말라야 우물을 판다는 뜻으로 '미리 준비하지 않고 당하고 나서야 허둥댄다'는 의미의 고사성어다.

시기 질투를 예측할 수는 없다. 하지만 주변 분위기를 보면 상황을 추측해 볼 수 있다. 조력자의 조언을 구하거나 규정을 통해 어려움을 빨리 해결하는 것이 좋다. 시기적절한 대응은 상대를 두렵게 해 확산되는 것을 방지할 수 있다. 🏮

자꾸 추천해 달라고 할 때
따끔하게 충고하라

    직위가 높고 결정권을 가진 위치에 있는 사람은 보직 부탁을 많이 받는다. 경력과 업무능력을 갖추면 추천에 어려움은 없다. 활용하고 말고는 그 부대의 판단이다. 하지만 능력이 부족한 사람을 추천하는 것은 나를 괴롭게 한다. 좋은 결과를 얻지 못하면 서로 불편해지기 때문이다.

    추천하기 전 상대방에게 "준비되었는가?"를 물어보라. 어떤 역량을 갖추었는지 먼저 들어 보는 것이다. 단순히 좋은 자리라는 이유밖에 없다면 추천을 재고해야 한다. 많은 사람이 수긍하지 못하면 가 봐야 좋은 결과를 얻지 못하기 때문이다.

    인접 후배는 매년 말이면 선배들에게 전화로 보직을 알아봤다. 정책부서에 있던 선배가 전화를 받고 한마디했다. "여기는 근무 경험이 필요한 자리다. 유사한 업무 경험이 없잖아?"라며 거절을 했다.

후배는 "선후배니까 부탁드리는 겁니다. 한번 도와주십시오."라며 계속 부탁을 했다. 선배는 "매번 그러니까 사람들이 너를 좋게 보지 않는다."라고 충고하고 전화를 끊었다.

아끼는 사람일수록 진실을 말해 줘야 한다. 빙빙 돌려 말하면 끊임없이 부탁해 불편한 관계가 된다. 하루에도 몇 차례 전화를 걸어 부탁할 텐데 매번 핑계를 대고 피할 수만은 없을 것이다.

십목소시(十目所視).
많은 눈이 바라보고 있다는 뜻으로 '많은 사람을 속일 수 없다'는 의미의 고사성어다.

추천을 통해 자리에 앉으면 주변 사람의 이목이 쏠린다. 이해되지 않는 사람을 추천하면 자신도 피해를 받을 수 있다. 좋은 관계일수록 쓴소리를 하기 어렵지만 그 사람을 위해서는 문제가 있다는 것을 충고해 줘야 한다. 🌕

선두였는데 밀리는 느낌이 들 때
스스로 진단해 보라

조직은 '여러 개체가 모여 구성된 집단'이다. 업무, 대인관계 등 복합적인 상황이 톱니바퀴처럼 맞물려 굴러간다. 하나가 빠지면 버벅거린다.

선두였는데 밀려나는 느낌이 든다면 톱니바퀴 하나가 빠진 것이다. 하지만 무슨 이유인지 알 수 없다면 몇 가지 사례로 진단해 보자.

첫째, 윗사람에게만 잘 보이면 된다는 생각으로 동료를 소홀히 대하지 않았는지 돌아보자. 이는 동료들로부터 원한의 대상이 되는 길이다. 좋은 평판을 유지하기 어렵고, 동료들에게는 가십거리 존재로 남을 수 있다.

담당관은 주말마다 과장과 함께하는 동호회 활동에 집중하는 사람이었다. 업무를 하지 않아도 과장은 항상 담당관을 칭찬했다. 그는 상급자가 업무를 지시하면 그 업무를 다른 사람에게 주곤 했다. 담당관이 진급할 것이라는 소문이 자자했다. 과장도 담당관에게 종종 "올해 진급에 이상 없을 것"이라고 말하곤 했다. 진급 결과, 담당관은 낙선되었다. 업무 기피 모습을 상급자가 알고 선택하지 않았다는 소문이 자자했다.

둘째, 자신감이 지나치진 않았는가 생각해 보라. 자신감이 지나치면 남의 말을 들으려 하지 않는다. 직진만 할 뿐이다. 때론 잠시 멈춰서 표지판을 보고 방향을 살피는 것도 필요하다.

선배가 후배들에게 자기관리에 관해 교육을 했다. "물이 가득 찬 항아리에 돌멩이 하나가 놓여 있는 것을 상상해 봐라. 돌멩이를 건져 보니 구멍이 나 있어 물이 새고 있을 수도 있다." 구멍 난 항아리 속에 내가 있지 않은지 되돌아보란 소리다.

셋째, 결과를 다 아는 것처럼 상대방을 대하지 않았는지 살펴보라. 사람들은 정보가 많으면 자기보다 못한 사람을 가르치려는 습성이 있다. 결과를 다 아는 것처럼 행동하려면 결정권자가 되었을 때에야 가능하다. '아는 척'하는 것은 내 패를 보여 주는 자충수를 두는 것과 같다.

일진월보(日進月步).

날마다, 달마다 계속 진보하고 발전한다는 말이다.

경쟁상대는 시간에 따라 변할 수 있다. 국가대표도 노력을 게을리하면 예선 탈락할 수 있다. 꾸준한 노력을 통해 역량을 쌓아 가는 동료에게 꼼수는 통하지 않는다. 😄

능력 밖의 일에 도움을 요청할 때
그릇에 맞게 담아라

사람은 사회적 동물이라 한다. 내가 영향력을 발휘하는 자리에 있다면 동료는 도움을 받기 위해 찾아온다.

어려울 때 도와주는 것은 인지상정이다. 그러나 도움을 줄 때는 목적을 분명히 알아야 한다. 내 손에서 해결할 수 있는지 가늠해 보라는 것이다. 수용 범위를 벗어나면 상황 해결에 어려움이 있다.

내 손을 넘어선 도움이라면 신중하게 고민해야 한다. 특히, 규정을 벗어난 것을 도와주는 것은 위험한 행위다. 순간을 벗어나기 위한 권한 밖의 부탁은 상대방을 다치게 할 수도 있다.

후배가 비위 사실로 처벌을 받게 되었다. 급한 마음에 선배에게 전화했다. "부하들에게 모욕감을 줘서 징계를 받게 되었습니다. 징계위원들에게 말 좀 잘해 주십쇼."라며 처벌 수위를 낮춰 달라는 부탁을 했다. 선배는 "말도 안 되는 소리 하지 마라. 권한 밖이다."라며 거절했다.

어떤 경우 도움을 받고도 일어서지 못해 지속적인 요청을 하기도 한다. 끊이지 않고 지속해서 도와 달라 한다면 깊이 생각해 봐야한다.

유사한 내용을 부탁한다는 것은 동료에게 잘못이 있을 수도 있다. 스스로 이겨 내지 못했다면 담을 수 있는 그릇을 찾아 주는 것이 좋다. 담아 낸 그릇이 잘 맞으면 문제는 쉽게 해결된다.

박지약행(薄志弱行).
의지가 약하여 어려운 일을 이겨 내지 못한다는 말이다.

그릇이 작다면 더 이상 담지 마라. 오히려 깨서 다시 빚는 것이 빠를 수 있다.

예기치 못한 변수로 인한 것이라면 도움을 주는 쪽이 맞다. 하지만 극복하려는 의지가 없다면 정중히 거절하는 것이 건강에 좋을 것이다. 🦁

유언비어로 상처받을 때
혼자 해결하지 마라

　유언비어는 사람들에게 재미난 이야깃거리가 될 수 있다. 특별한 대화 소재가 없다면 남 얘기하는 것이 쉽기 때문이다. 상상력을 발휘하여 상황을 연출해 볼 수 있는 작가의 시선이 되기도 한다. 유언비어는 소문의 진상을 찾기 어려워 대처하기 힘들다.

　유언비어는 어떻게 다스리는 것이 좋을까?

　당사자라면 해명하기 위해 노력해야 한다. 진위를 확인하기 위해 상급자가 묻는다면 명확히 해명해야 한다.

　그래도 의구심을 풀지 않는다면 사정기관에 의뢰하는 것도 방법이다. 이는 진실을 명확히 확인하고 상급자에게 정당함을 인지시킬 방법이다.

　김 대위가 부대의 대소사를 외부로 퍼트린다는 악질 소문에 시달렸다. 그 소리는 부대 지휘관에게 들어갔고 면담을 하게 되었다.

지휘관은 "소문이 사실이라면 처벌하겠다. 어떻게 그런 행위를 하냐."라며 추궁했다. 김 대위는 사실이 아니라고 했지만, 지휘관은 듣지 않았다. 참다못한 김 대위는 "가해자처럼 대하셔서 정식적인 조사를 요청하겠습니다."라고 말하고 자리에서 일어섰다.

조사는 상급부대에서 이루어졌다. 결국, 유언비어를 퍼트린 사람들은 허위사실 유포로 처벌을 받았다.

조직이 유언비어로 몸살을 앓는 경우, 지엽적이고 업무적인 사항이라면 공개를 해 조치과정을 알리는 것이 좋다. 잡음이 많으면 해명되지 않고 쌓여만 가기 때문이다.

사람에 관한 것이라면 한쪽 의견을 수용하기 어렵다. 조사기관에 의뢰하여 뒷말이 없이 깔끔하게 처리하는 것이 좋다.

이속우원(耳屬于垣).

담에도 귀가 달려 있다는 뜻으로 '남이 안 듣는 데서 말을 삼가라'는 말이다.

유언비어는 언행에서 비롯되는 것인 만큼 평소 말과 행동을 조심해야 한다. 결정할 수 있는 자리에 있다면 파급력을 고려해야 한다. 경험이나 나이가 많다고 모든 것을 잘하는 것도 아니다. 🐢

동료들이 내 말을 싫어할 때
듣는 데 집중하라

함께 근무하는 동료와 올바른 대화를 통해 신뢰를 쌓아야 한다. 이런 노력을 하지 않으면 동료와 거리감이 생겨 신뢰를 줄 수 없다.

동료가 내 말을 듣기 싫어하는 이유는 무엇일까?

첫째, 내가 상급자일 경우 결론을 짓고 토의하지 않는지 되돌아봐야 한다. 결론을 이미 내놓으면 부하는 의견을 제시할 수 없다. 어차피 말해 봐야 상급자 뜻대로 하기 때문이다. 그러면서 의견을 내라는 것은 어불성설인 것이다.

지휘관은 회의하면 "내 말이 맞지 않냐?"라고 먼저 말하고 의견을 물었다. 부하들은 이미 결론 난 것에 대해 입을 닫아 버렸다. 지휘관은 "의견이 없냐? 부대를 나만 생각한다."라고 말했다.

무엇을 위한 회의인가 생각하게 하는 이야기다.

둘째, 남을 배려하지 않는 대화체를 쓰는 경우다. 일방적으로 자기주장을 내세우는 사람으로 상대의 말을 귀담아듣지 않는다. 귀담아듣지 않아 같은 말을 반복하는 경우가 많다. 만약 상하 관계라면 부하는 입을 닫고 의견을 내지 않을 것이다.

셋째, 학연, 지연 등 상대방과 나와의 관계를 따져 보고 대화를 하는 경우가 있다. 중요한 정보는 나와 인연 있는 사람과 공유하는 것이다. 하지만 본인도 한정된 정보만 접하는 우를 범할 수 있다는 것을 알아야 한다. 지엽적인 정보로 해석을 잘못하면 결과에 대한 책임을 져야 한다.

동문과 대화를 자주 하는 과장이 있었다. 거기서 주요 보직을 정한다는 소문이 자자했다. 지휘관은 이를 알고 과장을 불러 엄중하게 경고하였다.

추풍과이(秋風過耳).
가을 바람이 귀를 지나친다는 뜻으로 '남의 말을 귀담아듣지 않는다'는 의미의 고사성어다.

동료들과 대화할 때 들어 주는 데 집중해 보자. 적어도 벽 보고 얘기한다는 소리는 듣지 않을 수 있다. 🏵

생각을 정리하여 책을 한번 내봐야겠다는 마음을 가지고 가을을 시작했다. '뭐, 별거 있겠나?'라는 생각에 한줄 한줄 써 내려갔다. 쓰고 난 원고를 수차례 수정하면서 글 쓰는 것이 쉽지 않다는 것을 느꼈다. 아무것도 하지 않고 글 몇 장 쓰면 자정을 넘기곤 했다. 장편소설도 아닌데 한 권의 책이 이렇게 어려워서야.

먼저 책을 출간한 선배가 이런 말을 했다. "지금부터 고통의 시간이다. 어딘가 고장이 날 텐데 잘 극복해라."라며 응원을 했다. 처음엔 무슨 소린가 했다. 시간이 지나 보니 그 말의 의미를 알 수 있었다. 목과 어깨에 통증이 심해지고 치료를 받아야 하는 일이 반복되었다. 아프지만 이겨 내야 했다.

책을 수 권을 출간한 사람들이 새삼 대단해 보였다. 기나긴 시간 혼자 고민하고 다양한 서적을 읽어 가며 고통을 감수했을 것이다. 출판된 많은 책은 그런 사연을 겪고 세상의 빛을 본 것이다. 초보 작가인 내가 그들과 견줄 수 없지만, 인내와 고통의 시간은 이해가 되었다.

출판을 앞두면서 군대를 주제로 한 이야기를 사람들이 읽어 볼지 걱정되기도 했다. 저자가 장군 출신도 아닌데 특정 직업에 관한 이야기에 관심이 있을까?

몇 명에게 질문을 던져 보았다. "쉽게 말하지 않는 실질적인 문제를 끄집어내 놓았으니 읽어 볼 것"이라며 응원해 준 덕분에 한시름 놓기로 했다.

원고를 마무리하며 출판사 대표님과 김경연 작가님께 감사의 마음을 전한다. 의기만 있던 초보에게 글쓰기를 독려하고 아낌없는 지원을 해주셨다. 평생 기억에 남을 추억이 될 것이다. 그리고 묵묵히 지켜봐 준 아내와 예은이 준서, 바쁜 시간에도 응원해 준 과거 지휘관과 선후배들에게도 감사의 마음을 전한다.

십시일반(十匙一飯). '여러 사람이 함께하면 한 사람을 돕기 쉽다'는 말처럼, 이 책을 통해 군생활을 이해하고 어려움을 헤쳐 나가는 데 도움이 되기를 바란다.

슬기로운 군생활을 위한 **직업군인 매뉴얼**

당신의 군대생활은 안녕하십니까?

초판 1쇄 발행 2023년 1월 31일

지은이　　박양배
발행처　　예미
발행인　　황부현
기 획　　박진희
편 집　　김정연
디자인　　김민정

출판등록　2018년 5월 10일(제2018-000084호)

주 소　　경기도 고양시 일산서구 중앙로 1568 하성프라자 601호
전 화　　031)917-7279　　**팩스** 031)918-3088
전자우편　yemmibooks@naver.com

ⓒ박양배, 2023

ISBN 979-11-92907-02-4　03390